상위권 도약을 위한
길라잡이

# 왕수학

실력편

대한민국 수학학력평가의 새로운 기준!!

# KMA
# 한국수학학력평가

| **시험일자** 상반기 | 매년 6월 셋째주
　　　　　　　하반기 | 매년 11월 셋째주

| **응시대상** 초등 1년 ~ 중등 3년 (미취학생 및 상급학년 응시 가능)

| **응시방법** KMA 홈페이지 접수 또는 각 지역별 학원접수처 방문 접수
성적우수자 특전 및 시상 내역 등 기타 자세한 사항은 KMA 홈페이지를 참조하세요.

홈페이지 바로가기
(www.kma-e.com)

▶ 본 평가는 100% 오프라인 평가입니다.

주최 | 한국수학학력평가연구원　　　　주관 | (주)에듀왕

상위권 도약을 위한
길라잡이

# 왕수학

실력편

4-2

# 구성과 특징

## ▌왕수학의 특징

1. 왕수학 개념+연산 → 왕수학 기본 → 왕수학 실력 → 점프 왕수학 최상위 순으로 단계별·난이도별 학습이 가능합니다.

2. 개정교육과정 100% 반영하였습니다.

3. 기본 개념 정리와 개념을 익히는 기본문제를 수록하였습니다.

4. 문제 해결력을 키우는 다양한 창의사고력 문제를 수록하였습니다.

5. 논리력 향상을 위한 서술형 문제를 강화하였습니다.

고고씽！

STEP 3

## 기본 유형 다지기

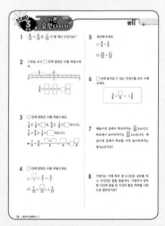

학교 시험에 잘 나오는 문제들과 신경향문제를 해결하면서 자신감을 갖도록 하였습니다.

출발!

STEP 2

## 기본 유형 익히기

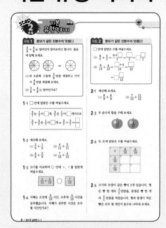

교과서와 익힘책 수준의 문제를 유형별로 풀어 보면서 기초를 튼튼히 다질 수 있도록 하였습니다.

STEP 1

## 개념 확인하기

교과서의 내용을 정리하고 이와 관련된 간단한 확인문제로 개념을 이해하도록 하였습니다.

도착!

서둘러!

STEP **6**

왕수학
최상위

STEP **5**

# 단원평가

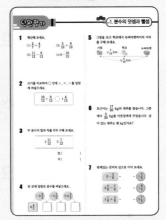

STEP **4**

# 응용 실력 높이기

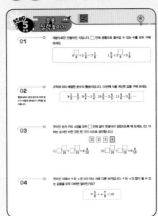

# 응용 실력 기르기

서술형 문제를 포함한 한 단원을
마무리하면서 자신의 실력을
종합적으로 확인할 수 있도록
하였습니다.

다소 난이도 높은 문제로 구성
하여 논리적 사고력과 응용력을
기르고 실력을 한 단계 높일 수
있도록 하였습니다.

기본 유형 다지기보다 좀 더
수준 높은 문제로 구성하여
실력을 기를 수 있게 하였
습니다.

어서와!

# 차례 | Contents

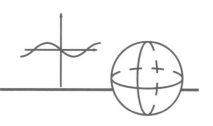

단원 **1** 분수의 덧셈과 뺄셈 ⋯⋯⋯⋯⋯ 5쪽

단원 **2** 삼각형 ⋯⋯⋯⋯⋯ 31쪽

단원 **3** 소수의 덧셈과 뺄셈 ⋯⋯⋯⋯⋯ 57쪽

단원 **4** 사각형 ⋯⋯⋯⋯⋯ 89쪽

단원 **5** 꺾은선그래프 ⋯⋯⋯⋯⋯ 119쪽

단원 **6** 다각형 ⋯⋯⋯⋯⋯ 143쪽

# 단원 **1** 분수의 덧셈과 뺄셈

## 이번에 배울 내용

**1** 진분수의 덧셈

**2** 진분수의 뺄셈

**3** 대분수의 덧셈

**4** 대분수의 뺄셈

**5** (자연수)−(분수)

**6** 받아내림이 있는 대분수의 뺄셈

개념
확인하기

# 1. 분수의 덧셈과 뺄셈

## 1 진분수의 덧셈 알아보기

(1) 분수의 합이 진분수인 분모가 같은 진분수의 덧셈

분모는 그대로 쓰고 분자끼리 더합니다.

$$\frac{1}{4}+\frac{2}{4}=\frac{1+2}{4}=\frac{3}{4}$$

(2) 분수의 합이 가분수인 분모가 같은 진분수의 덧셈

• 분모는 그대로 쓰고 분자끼리 더합니다.

• 계산 결과가 가분수이면 대분수로 나타냅니다.

$$\frac{4}{5}+\frac{3}{5}=\frac{4+3}{5}=\frac{7}{5}=1\frac{2}{5}$$

└─────┘ ↑
가분수를 대분수로

## 2 진분수의 뺄셈 알아보기

(1) 분모가 같은 진분수의 뺄셈

분모는 그대로 쓰고 분자끼리 뺄셈을 합니다.

 $\frac{4}{5}-\frac{1}{5}=\frac{4-1}{5}=\frac{3}{5}$

(2) 1−(진분수)의 계산

1을 가분수로 고친 후 계산합니다.

 $1-\frac{1}{3}=\frac{3}{3}-\frac{1}{3}=\frac{2}{3}$

└───┘
1을 가분수로

## 3 대분수의 덧셈 알아보기

(1) 분수 부분의 합이 진분수인 분모가 같은 대분수의 덧셈

자연수는 자연수끼리, 분수는 분수끼리 더합니다.

$$1\frac{2}{4}+2\frac{1}{4}=(1+2)+\left(\frac{2}{4}+\frac{1}{4}\right)=3+\frac{3}{4}=3\frac{3}{4}$$

---

확인문제

**1** □ 안에 알맞은 수를 써넣으세요.

$$\frac{3}{5}+\frac{1}{5}=\frac{3+\square}{\square}=\frac{\square}{\square}$$

**2** 그림을 보고 □ 안에 알맞은 수를 써넣으세요.

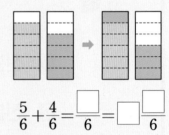

$$\frac{5}{6}+\frac{4}{6}=\frac{\square}{6}=\square\frac{\square}{6}$$

**3** □ 안에 알맞은 수를 써넣으세요.

$$\frac{6}{7}-\frac{2}{7}=\frac{6-\square}{\square}=\frac{\square}{\square}$$

**4** □ 안에 알맞은 수를 써넣으세요.

$$1-\frac{1}{4}=\frac{\square}{\square}-\frac{1}{4}=\frac{3}{\square}$$

**5** □ 안에 알맞은 수를 써넣으세요.

$$2\frac{3}{8}+1\frac{2}{8}$$

$$=(2+\square)+\left(\frac{\square}{8}+\frac{2}{8}\right)$$

$$=\square+\frac{\square}{8}=\square\frac{\square}{8}$$

(2) 분수 부분의 합이 가분수인 분모가 같은 대분수의 덧셈
 • 자연수는 자연수끼리, 분수는 분수끼리 더합니다.
 • 분수를 계산한 결과가 가분수이면 대분수로 나타냅니다.

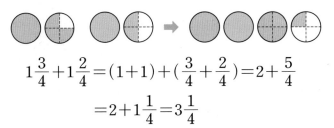

$$1\frac{3}{4}+1\frac{2}{4}=(1+1)+(\frac{3}{4}+\frac{2}{4})=2+\frac{5}{4}$$
$$=2+1\frac{1}{4}=3\frac{1}{4}$$

## 4 대분수의 뺄셈 알아보기
 • 분수 부분끼리 뺄 수 있는 분모가 같은 대분수의 뺄셈
 ① 자연수는 자연수끼리, 분수는 분수끼리 뺄셈을 합니다.
$$2\frac{2}{3}-1\frac{1}{3}=(2-1)+(\frac{2}{3}-\frac{1}{3})=1+\frac{1}{3}=1\frac{1}{3}$$
 ② 대분수를 가분수로 고쳐서 뺄셈을 합니다.
$$2\frac{2}{3}-1\frac{1}{3}=\frac{8}{3}-\frac{4}{3}=\frac{4}{3}=1\frac{1}{3}$$

## 5 (자연수)−(분수)의 계산 알아보기
 • 자연수와 진분수의 뺄셈
  자연수에서 1만큼을 가분수로 만들어 뺄셈을 합니다.
$$5-\frac{1}{3}=4\frac{3}{3}-\frac{1}{3}=4\frac{2}{3}$$
 • 자연수와 대분수의 뺄셈
  자연수에서 1만큼을 가분수로 만들어 자연수는 자연수 끼리, 분수는 분수끼리 뺄셈을 합니다.
$$3-1\frac{3}{4}=2\frac{4}{4}-1\frac{3}{4}=(2-1)+(\frac{4}{4}-\frac{3}{4})=1+\frac{1}{4}=1\frac{1}{4}$$

## 6 받아내림이 있는 대분수의 뺄셈 알아보기
 • 진분수 부분끼리 뺄 수 없는 분모가 같은 대분수의 뺄셈
  진분수끼리 뺄셈을 할 수 없을 때에는 자연수에서 1만큼을 받아내림하여 진분수를 가분수로 고친 후 계산합니다.

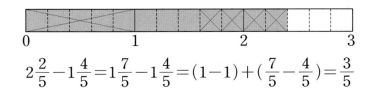

$$2\frac{2}{5}-1\frac{4}{5}=1\frac{7}{5}-1\frac{4}{5}=(1-1)+(\frac{7}{5}-\frac{4}{5})=\frac{3}{5}$$

**6** □ 안에 알맞은 수를 써넣으세요.
$$1\frac{4}{7}+1\frac{5}{7}$$
$$=(1+\square)+(\frac{\square}{7}+\frac{5}{7})$$
$$=\square+\frac{\square}{7}=\square+\square\frac{\square}{7}$$
$$=\square\frac{\square}{7}$$

**7** □ 안에 알맞은 수를 써넣으세요.
$$5\frac{5}{8}-2\frac{2}{8}=(5-\square)+(\frac{5}{8}-\frac{\square}{8})$$
$$=\square+\frac{\square}{8}=\square\frac{\square}{8}$$

**8** □ 안에 알맞은 수를 써넣으세요.
(1) $3-\frac{5}{6}=2\frac{\square}{6}-\frac{5}{6}=\square\frac{\square}{6}$
(2) $5-2\frac{2}{5}=\square\frac{5}{5}-2\frac{2}{5}=\square\frac{3}{\square}$

**9** □ 안에 알맞은 수를 써넣으세요.
$$4\frac{3}{9}-1\frac{5}{9}$$
$$=3\frac{\square}{9}-1\frac{5}{9}$$
$$=(3-\square)+(\frac{\square}{9}-\frac{5}{9})$$
$$=\square+\frac{\square}{9}=\square\frac{\square}{9}$$

**유형 1** 분모가 같은 진분수의 덧셈(1)

$\dfrac{3}{8} + \dfrac{4}{8}$ 는 얼마인지 알아보려고 합니다. 물음에 답해 보세요.

(1) 위 오른쪽 그림에 $\dfrac{3}{8}$ 만큼 색칠하고 이어서 $\dfrac{4}{8}$ 만큼 색칠해 보세요.

(2) $\dfrac{3}{8} + \dfrac{4}{8}$ 는 얼마인가요?

**1-1** ☐ 안에 알맞은 수를 써넣으세요.

$\dfrac{2}{7}$ 는 $\dfrac{1}{7}$ 이 ☐ 개, $\dfrac{3}{7}$ 은 $\dfrac{1}{7}$ 이 ☐ 개이므로

$\dfrac{2}{7} + \dfrac{3}{7}$ 은 $\dfrac{1}{7}$ 이 ☐ 개 ➡ $\dfrac{2}{7} + \dfrac{3}{7} = \dfrac{☐}{☐}$

**1-2** 계산해 보세요.

(1) $\dfrac{2}{5} + \dfrac{1}{5}$　　(2) $\dfrac{4}{11} + \dfrac{5}{11}$

(3) $\dfrac{4}{9} + \dfrac{2}{9}$　　(4) $\dfrac{7}{15} + \dfrac{4}{15}$

**1-3** 크기를 비교하여 ○ 안에 >, <를 알맞게 써넣으세요.

$\dfrac{3}{14} + \dfrac{5}{14}$　○　$\dfrac{7}{14}$

**1-4** 지혜는 오전에 $\dfrac{5}{10}$ 시간, 오후에 $\dfrac{4}{10}$ 시간을 공부했습니다. 지혜가 공부한 시간은 모두 몇 시간인가요?

**유형 2** 분모가 같은 진분수의 덧셈(2)

☐ 안에 알맞은 수를 써넣으세요.

(1) $\dfrac{6}{7} + \dfrac{5}{7} = \dfrac{6+☐}{7} = \dfrac{☐}{7} = ☐\dfrac{☐}{7}$

(2) $\dfrac{9}{12} + \dfrac{4}{12} = \dfrac{☐+4}{12} = \dfrac{☐}{12}$

　　　　　$= ☐\dfrac{☐}{12}$

**2-1** 계산해 보세요.

(1) $\dfrac{8}{9} + \dfrac{6}{9}$　　　　(2) $\dfrac{7}{12} + \dfrac{11}{12}$

**2-2** 두 분수의 합을 구해 보세요.

**2-3** 빈 곳에 알맞은 수를 써넣으세요.

| + | $\dfrac{8}{10}$ | $\dfrac{6}{10}$ |
|---|---|---|
| $\dfrac{5}{10}$ | | |
| $\dfrac{7}{10}$ | | |

**2-4** 크기와 모양이 같은 빵이 2개 있습니다. 형은 빵 한 개의 $\dfrac{3}{5}$ 만큼을, 동생은 빵 한 개의 $\dfrac{4}{5}$ 만큼을 먹었습니다. 형과 동생이 먹은 빵은 모두 몇 개인지 분수로 나타내 보세요.

**1**
단원

## 유형 3  분모가 같은 진분수의 뺄셈

그림을 보고 □ 안에 알맞은 수를 써넣으세요.

$$\frac{\square}{5} - \frac{\square}{5} = \frac{\square}{5}$$

**3-1** □ 안에 알맞은 수를 써넣으세요.

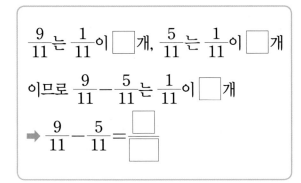

$\dfrac{9}{11}$ 는 $\dfrac{1}{11}$ 이 □ 개, $\dfrac{5}{11}$ 는 $\dfrac{1}{11}$ 이 □ 개

이므로 $\dfrac{9}{11} - \dfrac{5}{11}$ 는 $\dfrac{1}{11}$ 이 □ 개

➡ $\dfrac{9}{11} - \dfrac{5}{11} = \dfrac{\square}{\square}$

**3-2** 계산해 보세요.

(1) $\dfrac{6}{7} - \dfrac{3}{7}$　　　　(2) $\dfrac{7}{10} - \dfrac{5}{10}$

**3-3** 빈 곳에 알맞은 수를 써넣으세요.

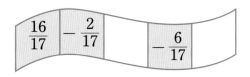

$\dfrac{16}{17} - \dfrac{2}{17}$ 　 $- \dfrac{6}{17}$

**3-4** 길이가 $\dfrac{7}{8}$ m인 철사가 있습니다. 미술 시간에 이 철사를 $\dfrac{3}{8}$ m만큼 사용하였습니다. 남은 철사는 몇 m인가요?

## 유형 4  1−(진분수)의 계산

□ 안에 알맞은 수를 써넣으세요.

$$1 - \frac{1}{5} = \frac{\square}{5} - \frac{\square}{5} = \frac{\square - \square}{5} = \frac{\square}{5}$$

**4-1** □ 안에 알맞은 수를 써넣으세요.

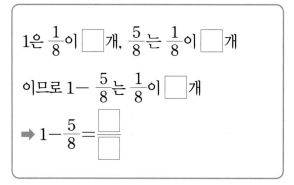

1은 $\dfrac{1}{8}$ 이 □ 개, $\dfrac{5}{8}$ 는 $\dfrac{1}{8}$ 이 □ 개

이므로 $1 - \dfrac{5}{8}$ 는 $\dfrac{1}{8}$ 이 □ 개

➡ $1 - \dfrac{5}{8} = \dfrac{\square}{\square}$

**4-2** 계산해 보세요.

(1) $1 - \dfrac{3}{7}$　　　　(2) $1 - \dfrac{4}{9}$

(3) $1 - \dfrac{5}{12}$　　　　(4) $1 - \dfrac{8}{15}$

**4-3** $1 - \dfrac{2}{5}$ 를 수직선에 나타낸 것입니다. □ 안에 알맞은 수를 써넣으세요.

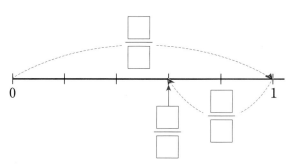

**4-4** 상연이와 예슬이가 초콜릿 1개를 나누어 먹었습니다. 초콜릿을 6조각으로 똑같이 나누어 상연이는 4조각, 예슬이는 2조각을 먹었습니다. 상연이가 더 먹은 초콜릿의 양은 전체의 얼마인가요?

| 유형 5 | 받아올림이 없는 대분수의 덧셈 |
| --- | --- |

그림을 보고 □ 안에 알맞은 수를 써넣으세요.

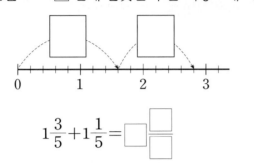

$$1\frac{3}{5}+1\frac{1}{5}=\boxed{\phantom{0}}\frac{\boxed{\phantom{0}}}{\boxed{\phantom{0}}}$$

**5-1** □ 안에 알맞은 수를 써넣으세요.

$$2\frac{3}{7}+1\frac{1}{7}=\left(\boxed{\phantom{0}}+\boxed{\phantom{0}}\right)+\left(\frac{\boxed{\phantom{0}}}{7}+\frac{\boxed{\phantom{0}}}{7}\right)$$

$$=\boxed{\phantom{0}}+\frac{\boxed{\phantom{0}}}{7}=\boxed{\phantom{0}}\frac{\boxed{\phantom{0}}}{7}$$

**5-2** 계산해 보세요.

(1) $4+3\frac{2}{15}$   (2) $6\frac{7}{20}+12\frac{9}{20}$

**5-3** 계산 결과가 가장 큰 것부터 차례대로 기호를 써 보세요.

> ㉠ $5\frac{1}{9}+4\frac{5}{9}$
>
> ㉡ $3\frac{2}{9}+5\frac{6}{9}$
>
> ㉢ $4\frac{4}{9}+6\frac{2}{9}$

**5-4** 동민이네 집에서 학교까지의 거리는 $1\frac{2}{5}$ km입니다. 동민이가 학교까지 갔다 오는 거리는 모두 몇 km인가요?

| 유형 6 | 받아올림이 있는 대분수의 덧셈 |
| --- | --- |

□ 안에 알맞은 수를 써넣으세요.

$$3\frac{2}{9}+5\frac{8}{9}=(3+5)+\left(\frac{2}{9}+\frac{\boxed{\phantom{0}}}{9}\right)$$

$$=\boxed{\phantom{0}}+\frac{\boxed{\phantom{0}}}{9}=\boxed{\phantom{0}}+\boxed{\phantom{0}}\frac{\boxed{\phantom{0}}}{9}$$

$$=\boxed{\phantom{0}}\frac{\boxed{\phantom{0}}}{9}$$

**6-1** 계산해 보세요.

(1) $2\frac{7}{10}+\frac{8}{10}$   (2) $3\frac{5}{11}+1\frac{9}{11}$

**6-2** 빈 곳에 알맞은 수를 써넣으세요.

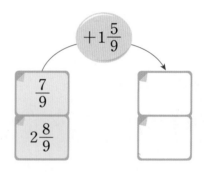

**6-3** ㉠과 ㉡ 중 더 큰 것의 기호를 써 보세요.

> ㉠ $4\frac{5}{16}+2\frac{13}{16}$   ㉡ $3\frac{8}{16}+3\frac{11}{16}$

**6-4** 길이가 $3\frac{4}{5}$ m인 노란색 끈과 길이가 $2\frac{3}{5}$ m 인 파란색 끈이 있습니다. 두 끈의 길이의 합은 몇 m인가요?

## 유형 7 받아내림이 없는 대분수의 뺄셈

□ 안에 알맞은 수를 써넣으세요.

$$6\frac{7}{8}-2\frac{3}{8}=(6-\boxed{\phantom{0}})+(\frac{7}{8}-\frac{\boxed{\phantom{0}}}{8})$$

$$=\boxed{\phantom{0}}+\frac{\boxed{\phantom{0}}}{8}=\boxed{\phantom{0}}\frac{\boxed{\phantom{0}}}{8}$$

**7-1** □ 안에 알맞은 수를 써넣으세요.

(1) $2\frac{9}{13}-1\frac{5}{13}=(2-\boxed{\phantom{0}})+(\frac{9}{13}-\frac{\boxed{\phantom{0}}}{13})$

$$=\boxed{\phantom{0}}+\frac{\boxed{\phantom{0}}}{13}=\boxed{\phantom{0}}\frac{\boxed{\phantom{0}}}{13}$$

(2) $3\frac{5}{8}-1\frac{3}{8}=\frac{\boxed{\phantom{0}}}{8}-\frac{\boxed{\phantom{0}}}{8}$

$$=\frac{\boxed{\phantom{0}}}{8}=\boxed{\phantom{0}}\frac{\boxed{\phantom{0}}}{8}$$

(3) $2\frac{7}{9}-\frac{2}{9}=2+(\frac{\boxed{\phantom{0}}}{9}-\frac{\boxed{\phantom{0}}}{9})$

$$=2+\frac{\boxed{\phantom{0}}}{9}=2\frac{\boxed{\phantom{0}}}{9}$$

**7-2** 계산해 보세요.

(1) $7\frac{4}{5}-6\frac{1}{5}$   (2) $12\frac{6}{8}-9\frac{5}{8}$

(3) $8\frac{2}{3}-5$   (4) $10\frac{7}{9}-\frac{2}{9}$

**7-3** 계산 결과를 비교하여 ○ 안에 >, <를 알맞게 써넣으세요.

$$5\frac{9}{10}-1\frac{3}{10}\;\bigcirc\;8\frac{7}{10}-4\frac{2}{10}$$

**7-4** 다음에서 나타내는 수를 구해 보세요.

(1) $5\frac{7}{11}$ 보다 $\frac{2}{11}$ 작은 수

(2) $6\frac{5}{7}$ 보다 $2\frac{3}{7}$ 작은 수

**7-5** 가장 큰 수와 가장 작은 수의 차를 구해 보세요.

$$4\frac{4}{5}\qquad\frac{12}{5}\qquad5\frac{3}{5}$$

**7-6** 그림을 보고 두 과일의 무게의 차를 구해 보세요.

$3\frac{9}{10}$ kg    $\frac{7}{10}$ kg

**7-7** 포도나무의 높이는 $1\frac{5}{8}$ m이고 대추나무의 높이는 $3\frac{6}{8}$ m입니다. 어느 나무가 몇 m 더 높은지 구해 보세요.

**유형 8** 자연수와 분수의 뺄셈

그림을 보고 □ 안에 알맞은 수를 써넣으세요.

$$4-2\frac{1}{6}=\boxed{\phantom{0}}\frac{\boxed{\phantom{0}}}{6}$$

**8-1** □ 안에 알맞은 수를 써넣으세요.

(1) $6-\dfrac{4}{5}=\boxed{\phantom{0}}\dfrac{5}{5}-\dfrac{4}{5}=\boxed{\phantom{0}}\dfrac{\boxed{\phantom{0}}}{5}$

(2) $5-1\dfrac{2}{3}=\boxed{\phantom{0}}\dfrac{3}{3}-1\dfrac{2}{3}=\boxed{\phantom{0}}\dfrac{\boxed{\phantom{0}}}{3}$

(3) $4-2\dfrac{3}{4}=\dfrac{\boxed{\phantom{0}}}{4}-\dfrac{\boxed{\phantom{0}}}{4}$

$=\dfrac{\boxed{\phantom{0}}}{4}=\boxed{\phantom{0}}\dfrac{\boxed{\phantom{0}}}{4}$

**8-2** 다음을 2가지 방법으로 계산하였습니다. □ 안에 알맞은 수를 써넣으세요.

$$5-\frac{9}{7}$$

방법1

$5-\dfrac{9}{7}=5-1\dfrac{\boxed{\phantom{0}}}{7}=\boxed{\phantom{0}}\dfrac{7}{7}-1\dfrac{\boxed{\phantom{0}}}{7}$

$=\boxed{\phantom{0}}\dfrac{\boxed{\phantom{0}}}{7}$

방법2

$5-\dfrac{9}{7}=\dfrac{\boxed{\phantom{0}}}{7}-\dfrac{9}{7}=\dfrac{\boxed{\phantom{0}}}{7}=\boxed{\phantom{0}}\dfrac{\boxed{\phantom{0}}}{7}$

**8-3** 계산 결과가 3보다 큰 것의 기호를 모두 써 보세요.

㉠ $7-4\dfrac{1}{2}$

㉡ $5-\dfrac{9}{10}$

㉢ $9-5\dfrac{7}{8}$

**8-4** 계산해 보세요.

(1) $2-\dfrac{7}{8}$      (2) $5-1\dfrac{4}{9}$

**8-5** 빈 곳에 알맞은 수를 써넣으세요.

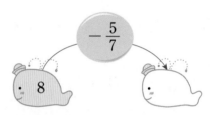

**8-6** 계산 결과를 비교하여 ○ 안에 >, =, <를 알맞게 써넣으세요.

$$4-1\frac{3}{12}\bigcirc 3-\frac{7}{12}$$

**8-7** 음료수가 2 L 있습니다. 신영이와 친구들이 $1\dfrac{1}{10}$ L를 마신다면 남는 음료수는 몇 L인 가요?

**유형 9** 받아내림이 있는 대분수의 뺄셈

그림을 보고 □ 안에 알맞은 수를 써넣으세요.

$$3\frac{4}{6} - 1\frac{5}{6} = \boxed{\phantom{0}}\frac{\boxed{\phantom{0}}}{\boxed{\phantom{0}}}$$

**9-1** 그림을 보고 □ 안에 알맞은 수를 써넣으세요.

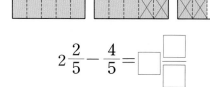

$$2\frac{2}{5} - \frac{4}{5} = \boxed{\phantom{0}}\frac{\boxed{\phantom{0}}}{\boxed{\phantom{0}}}$$

**9-2** □ 안에 알맞은 수를 써넣으세요.

(1) $3\frac{1}{4} - \frac{3}{4} = \boxed{\phantom{0}}\frac{5}{4} - \frac{\boxed{\phantom{0}}}{4} = \boxed{\phantom{0}}\frac{\boxed{\phantom{0}}}{4}$

(2) $4\frac{2}{5} - 1\frac{3}{5} = \boxed{\phantom{0}}\frac{7}{5} - \boxed{\phantom{0}}\frac{3}{5}$

$= (\boxed{\phantom{0}} - \boxed{\phantom{0}}) + (\frac{7}{5} - \frac{3}{5})$

$= \boxed{\phantom{0}} + \frac{\boxed{\phantom{0}}}{5} = \boxed{\phantom{0}}\frac{\boxed{\phantom{0}}}{5}$

(3) $3\frac{3}{8} - 1\frac{7}{8} = \frac{\boxed{\phantom{0}}}{8} - \frac{\boxed{\phantom{0}}}{8}$

$= \frac{\boxed{\phantom{0}}}{8} = \boxed{\phantom{0}}\frac{\boxed{\phantom{0}}}{8}$

**9-3** 빈 곳에 알맞은 수를 써넣으세요.

$2\frac{3}{11} \Rightarrow \boxed{-\frac{9}{11}} \Rightarrow \boxed{\phantom{00}}$

**9-4** 계산해 보세요.

(1) $7\frac{1}{5} - 6\frac{4}{5}$　　(2) $7\frac{3}{10} - 2\frac{6}{10}$

**9-5** 빈 곳에 알맞은 수를 써넣으세요.

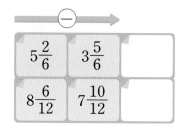

**9-6** 직사각형의 가로는 세로보다 몇 m 더 긴지 구해 보세요.

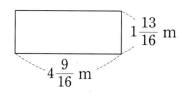

**9-7** 계산 결과를 비교하여 ○ 안에 >, <를 알맞게 써넣으세요.

$$3\frac{8}{9} - \frac{2}{9} \quad \bigcirc \quad 4\frac{1}{9} - \frac{8}{9}$$

**9-8** 딸기밭에서 $4\frac{5}{8}$ kg의 딸기를 땄습니다. 그 중에서 $1\frac{7}{8}$ kg을 팔았다면, 남은 딸기는 몇 kg인가요?

**1** $\frac{8}{15} + \frac{6}{15}$ 은 $\frac{1}{15}$ 이 몇 개인 수인가요?

**2** 그림을 보고 □ 안에 알맞은 수를 써넣으세요.

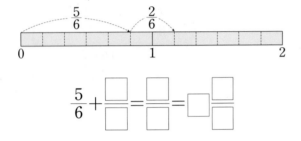

$$\frac{5}{6} + \frac{\boxed{\phantom{0}}}{\boxed{\phantom{0}}} = \frac{\boxed{\phantom{0}}}{\boxed{\phantom{0}}} = \boxed{\phantom{0}}\frac{\boxed{\phantom{0}}}{\boxed{\phantom{0}}}$$

**3** □ 안에 알맞은 수를 써넣으세요.

$\frac{7}{8}$ 은 $\frac{1}{8}$ 이 $\boxed{\phantom{0}}$ 개, $\frac{6}{8}$ 은 $\frac{1}{8}$ 이 $\boxed{\phantom{0}}$ 개이므로 $\frac{7}{8} + \frac{6}{8}$ 은 $\frac{1}{8}$ 이 $\boxed{\phantom{0}}$ 개입니다.

➡ $\frac{7}{8} + \frac{6}{8} = \frac{\boxed{\phantom{0}}+\boxed{\phantom{0}}}{8} = \frac{\boxed{\phantom{0}}}{8} = \boxed{\phantom{0}}\frac{\boxed{\phantom{0}}}{8}$

**4** □ 안에 알맞은 수를 써넣으세요.

(1) $\frac{\boxed{\phantom{0}}}{7} + \frac{2}{7} = \frac{5}{7}$

(2) $\frac{7}{12} + \frac{\boxed{\phantom{0}}}{12} = 1\frac{3}{12}$

**5** 계산해 보세요.

(1) $\frac{8}{9} + \frac{5}{9}$

(2) $\frac{12}{15} + \frac{11}{15}$

**6** □ 안에 들어갈 수 있는 자연수를 모두 구해 보세요.

$$\frac{3}{8} + \frac{\boxed{\phantom{0}}}{8} < 1\frac{2}{8}$$

**7** 예슬이네 집에서 학교까지는 $\frac{11}{20}$ km이고, 학교에서 놀이터까지는 $\frac{13}{20}$ km입니다. 예슬이네 집에서 학교를 거쳐 놀이터까지는 몇 km인가요?

**8** 가영이는 어제 하루 중 6시간은 공부를 하고, 9시간은 잠을 잤습니다. 가영이가 공부한 시간과 잠을 잔 시간의 합은 하루를 기준으로 얼마인가요?

**9** 그림을 이용하여 $\frac{4}{5} - \frac{3}{5}$이 얼마인지 구해 보세요.

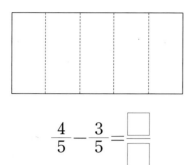

$$\frac{4}{5} - \frac{3}{5} = \frac{\Box}{\Box}$$

**10** □ 안에 알맞은 수를 써넣으세요.

1은 $\frac{\Box}{10}$이므로 $\frac{1}{10}$이 □개, $\frac{6}{10}$은

$\frac{1}{10}$이 □개이므로 $1 - \frac{6}{10}$은 $\frac{1}{10}$이 □개 입니다.

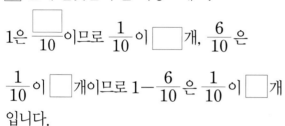

→ $1 - \frac{6}{10} = \frac{\Box}{10} - \frac{\Box}{10} = \frac{\Box - \Box}{10}$

$= \frac{\Box}{10}$

**11** 계산해 보세요.

(1) $\frac{6}{7} - \frac{2}{7}$

(2) $\frac{15}{18} - \frac{9}{18}$

(3) $1 - \frac{7}{20}$

**12** 분모가 9인 진분수가 2개 있습니다. 합이 $\frac{8}{9}$, 차가 $\frac{2}{9}$인 두 진분수를 구해 보세요.

**13** 계산 결과가 <u>다른</u> 하나를 찾아 기호를 써 보세요.

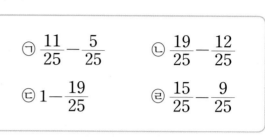

㉠ $\frac{11}{25} - \frac{5}{25}$ ㉡ $\frac{19}{25} - \frac{12}{25}$

㉢ $1 - \frac{19}{25}$ ㉣ $\frac{15}{25} - \frac{9}{25}$

**14** 주스 1 L를 사와서 어제는 $\frac{1}{4}$ L, 오늘은 $\frac{2}{4}$ L 마셨습니다. 남은 주스는 몇 L인지 구해 보세요.

**15** 그림을 보고 □ 안에 알맞게 써넣으세요.

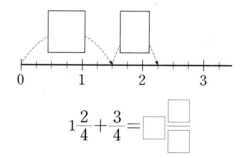

$$1\frac{2}{4} + \frac{3}{4} = \Box \frac{\Box}{\Box}$$

**16** 빈 곳에 두 수의 합을 써넣으세요.

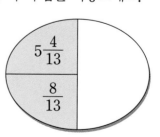

**17** 다음에서 나타내는 수를 구해 보세요.

$$3\frac{7}{9} 보다 \frac{3}{9} 큰 수$$

**18** 관계있는 것끼리 선으로 이어 보세요.

$3\frac{8}{10}+\frac{5}{10}$ •

$4\frac{1}{10}+\frac{6}{10}$ •

• $4\frac{7}{10}$

• $4\frac{3}{10}$

**19** 가장 큰 수와 가장 작은 수의 합을 구해 보세요.

$$2\frac{9}{16} \qquad \frac{4}{16} \qquad 1\frac{11}{16}$$

**20** 계산 결과가 3과 4 사이인 덧셈식을 모두 찾아 기호를 써 보세요.

㉠ $1\frac{1}{8}+3\frac{5}{8}$     ㉡ $1\frac{3}{5}+2\frac{1}{5}$

㉢ $1\frac{2}{4}+2\frac{3}{4}$     ㉣ $\frac{15}{6}+\frac{5}{6}$

**21** 계산해 보세요.

(1) $7\frac{2}{5}+8\frac{1}{5}$

(2) $2\frac{5}{9}+7\frac{6}{9}$

(3) $4\frac{8}{11}+2\frac{5}{11}$

**22** ㉠과 ㉡이 나타내는 수의 합을 구해 보세요.

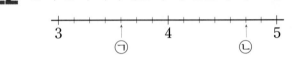

**23** □ 안에 알맞은 수를 써넣으세요.

(1) $4\frac{5}{7}-1\frac{2}{7}=(\boxed{\phantom{0}}-\boxed{\phantom{0}})+(\dfrac{\boxed{\phantom{0}}}{7}-\dfrac{\boxed{\phantom{0}}}{7})$

$=\boxed{\phantom{0}}+\dfrac{\boxed{\phantom{0}}}{7}=\boxed{\phantom{0}}\dfrac{\boxed{\phantom{0}}}{7}$

(2) $2\frac{5}{6}-1\frac{1}{6}=\dfrac{\boxed{\phantom{0}}}{6}-\dfrac{\boxed{\phantom{0}}}{6}$

$=\dfrac{\boxed{\phantom{0}}-\boxed{\phantom{0}}}{6}$

$=\dfrac{\boxed{\phantom{0}}}{6}=\boxed{\phantom{0}}\dfrac{\boxed{\phantom{0}}}{6}$

**24** 계산해 보세요.

(1) $12\frac{6}{9}-8\frac{2}{9}$

(2) $21\frac{8}{15}-13\frac{3}{15}$

**25** 밀가루가 $2\frac{5}{8}$ kg이 있습니다. 빵 한 개를 만드는 데 밀가루가 $1\frac{1}{8}$ kg이 필요합니다. 만들 수 있는 빵은 모두 몇 개이고, 남는 밀가루는 몇 kg인지 구해 보세요.

**26** □ 안에 알맞은 수를 써넣으세요.

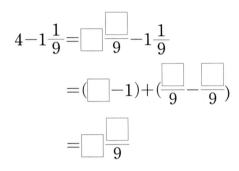

$$4-1\frac{1}{9}=\boxed{\phantom{0}}\frac{\boxed{\phantom{0}}}{9}-1\frac{1}{9}$$
$$=(\boxed{\phantom{0}}-1)+(\frac{\boxed{\phantom{0}}}{9}-\frac{\boxed{\phantom{0}}}{9})$$
$$=\boxed{\phantom{0}}\frac{\boxed{\phantom{0}}}{9}$$

**27** □ 안에 알맞은 수를 써넣으세요.

2는 $\frac{1}{6}$이 □ 개, $1\frac{1}{6}$은 $\frac{1}{6}$이 □ 개이므로 $2-1\frac{1}{6}$은 $\frac{1}{6}$이 □ 개입니다.

➡ $2-1\frac{1}{6}=\frac{\boxed{\phantom{0}}}{6}-\frac{\boxed{\phantom{0}}}{6}=\frac{\boxed{\phantom{0}}}{6}$

**28** 계산해 보세요.

(1) $5-2\frac{3}{7}$

(2) $6-4\frac{5}{8}$

(3) $4-\frac{11}{9}$

**29** 보기 에서 두 수를 골라 □ 안에 써넣어 계산 결과가 가장 큰 뺄셈식을 만들어 보세요.

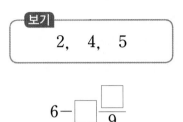

보기

2, 4, 5

$$6-\boxed{\phantom{0}}\frac{\boxed{\phantom{0}}}{9}$$

**30** □ 안에 알맞은 수를 써넣으세요.

$$8\frac{1}{5}-4\frac{4}{5}=7\frac{\boxed{\phantom{0}}}{5}-4\frac{4}{5}$$
$$=(\boxed{\phantom{0}}-\boxed{\phantom{0}})+(\frac{\boxed{\phantom{0}}}{5}-\frac{\boxed{\phantom{0}}}{5})$$
$$=\boxed{\phantom{0}}+\frac{\boxed{\phantom{0}}}{5}=\boxed{\phantom{0}}\frac{\boxed{\phantom{0}}}{5}$$

**31** □ 안에 알맞은 수를 써넣으세요.

$5\frac{1}{4}$은 $\frac{1}{4}$이 □ 개, $2\frac{3}{4}$은 $\frac{1}{4}$이 □ 개이므로 $5\frac{1}{4}-2\frac{3}{4}$은 $\frac{1}{4}$이 □ 개입니다.

➡ $5\frac{1}{4}-2\frac{3}{4}=\frac{\boxed{\phantom{0}}}{4}=\boxed{\phantom{0}}\frac{\boxed{\phantom{0}}}{4}$

**32** 계산해 보세요.

(1) $4\frac{1}{6}-3\frac{5}{6}$

(2) $5\frac{3}{7}-2\frac{5}{7}$

(3) $6\frac{1}{8}-2\frac{7}{8}$

**33** 보기 에서 두 수를 골라 □ 안에 써넣어 계산 결과가 가장 작은 **뺄셈식**을 만들어 보세요.

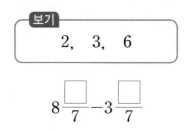

보기

2,  3,  6

$$8\frac{\square}{7}-3\frac{\square}{7}$$

**34** 계산 결과가 가장 큰 것부터 차례대로 기호를 써 보세요.

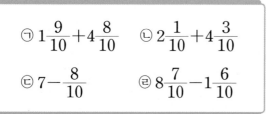

㉠ $1\frac{9}{10}+4\frac{8}{10}$   ㉡ $2\frac{1}{10}+4\frac{3}{10}$

㉢ $7-\frac{8}{10}$   ㉣ $8\frac{7}{10}-1\frac{6}{10}$

**35** □ 안에 들어갈 수 있는 가장 큰 자연수는 얼마인지 구해 보세요.

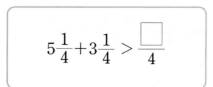

$$5\frac{1}{4}+3\frac{1}{4}>\frac{\square}{4}$$

**36** □ 안에 알맞은 대분수를 구해 보세요.

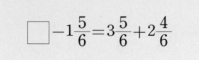

$$\square-1\frac{5}{6}=3\frac{5}{6}+2\frac{4}{6}$$

**37** 물탱크에 물이 $55\frac{2}{5}$ L 들어 있습니다. $33\frac{2}{5}$ L의 물을 더 부었더니 물탱크에 물이 가득 찼다면, 이 물탱크의 들이는 몇 L인가요?

**38** 예슬이는 길이가 $\frac{12}{20}$ m인 끈 중에서 $\frac{7}{20}$ m를 사용하였고, 지혜는 길이가 $2\frac{5}{20}$ m인 끈 중에서 $1\frac{10}{20}$ m를 사용하였습니다. 사용하고 남은 끈은 누구의 것이 더 길까요?

**39** 그림을 보고 문구점에서 우체국까지의 거리는 몇 km인지 구해 보세요.

5 km

집   $1\frac{5}{8}$ km   문구점   우체국

**40** 가장 큰 수와 가장 작은 수의 차를 구해 보세요.

$$3\frac{6}{7} \quad 6 \quad 3\frac{4}{7} \quad 4\frac{2}{7}$$

**41** 어떤 수에서 $\dfrac{7}{11}$ 을 뺐더니 $4\dfrac{5}{11}$ 가 되었습니다. 어떤 수를 구해 보세요.

**42** 빈 곳에 알맞은 수를 써넣으세요.

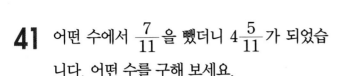

**43** 4장의 숫자 카드 $\boxed{1}$, $\boxed{4}$, $\boxed{5}$, $\boxed{8}$ 중 몇 장을 사용하여 분모가 8인 분수를 만들려고 합니다. 만들 수 있는 가장 작은 대분수와 가장 큰 진분수의 차를 구해 보세요.

**44** 계산 결과를 비교하여 ○ 안에 >, =, <를 알맞게 써넣으세요.

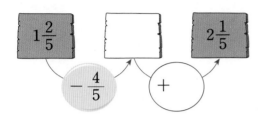

**45** 가영이네 밭 전체의 $\dfrac{5}{15}$ 에는 무를 심었고, 전체의 $\dfrac{7}{15}$ 에는 상추를 심었습니다. 무와 상추를 심고 남은 부분에는 모두 배추를 심었다면, 배추를 심은 밭은 전체의 얼마인가요?

**46** 한초의 몸무게는 $35\dfrac{1}{8}$ kg이고 동생의 몸무게는 한초보다 $3\dfrac{5}{8}$ kg 더 가볍습니다. 한초와 동생의 몸무게의 합은 몇 kg인지 구해 보세요.

**47** 다음 삼각형은 세 변의 길이의 합이 $8\dfrac{1}{10}$ cm인 삼각형입니다. 변 ㄴㄷ의 길이는 몇 cm인가요?

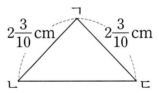

**48** 길이가 각각 $1\dfrac{3}{5}$ m, $1\dfrac{4}{5}$ m인 색 테이프 2장을 $\dfrac{2}{5}$ m만큼 겹쳐서 이어 붙였습니다. 이어 붙인 색 테이프 전체 길이는 몇 m인가요?

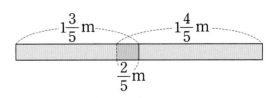

**1** 들이가 $7\frac{5}{10}$ L인 물통에 물이 가득 들어 있습니다. 이 물통에서 들이가 $1\frac{6}{10}$ L인 그릇으로 물을 가득 채워 2번 덜어 냈습니다. 물통에 남아 있는 물은 몇 L인가요?

**2** 무게가 똑같은 수박 2통의 무게를 쟀더니 $8\frac{6}{8}$ kg이었습니다. 똑같은 수박 6통의 무게를 구해 보세요.

**3** 흰색 페인트가 $12\frac{9}{20}$ L 있고, 검은색 페인트가 흰색 페인트보다 $1\frac{13}{20}$ L 더 많이 있습니다. 페인트가 모두 몇 L 있는지 구해 보세요.

1일부터 4일까지 시계가 모두 얼마나 늦어졌는지 알아봅니다.

**4** 하루에 $2\frac{3}{9}$ 분씩 늦게 가는 시계가 있습니다. 이 시계를 이달 1일 오전 8시에 정확한 시각으로 맞추어 놓았습니다. 이달 4일 오전 8시에 이 시계가 가리키는 시각은 몇 시 몇 분인가요?

**1** 단원

**5** 계산 결과가 3에 가장 가까운 식부터 차례대로 기호를 써 보세요.

$$\bigcirc\ 5\frac{4}{9}-2\frac{7}{9} \qquad \bigcirc\ 7\frac{2}{9}-4\frac{4}{9} \qquad \bigcirc\ 4\frac{6}{9}-1\frac{5}{9}$$

**6** 동민이네 집에서 지혜네 집까지 가려고 합니다. 약국과 도서관 중에서 어디를 지나 가는 길이 몇 km 더 가까운지 구해 보세요.

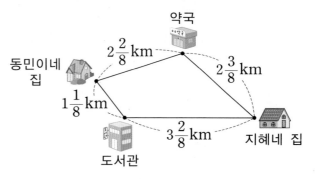

**7** 다음 덧셈식을 성립시키는 (♥, ★)은 모두 몇 가지인가요? (단, ♥와 ★은 자연수이고, ♥ > ★입니다.)

$$\frac{♥}{5}+\frac{★}{5}=2$$

**8** 어떤 수에 $1\frac{7}{12}$을 더해야 할 것을 잘못하여 뺐더니 $10\frac{6}{12}$이 되었습니다. 바르게 계산하면 얼마인가요?

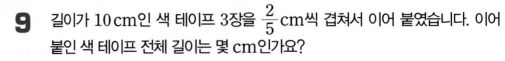
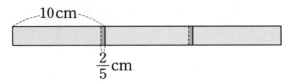

**9** 길이가 $10\,$cm인 색 테이프 3장을 $\dfrac{2}{5}\,$cm씩 겹쳐서 이어 붙였습니다. 이어 붙인 색 테이프 전체 길이는 몇 cm인가요?

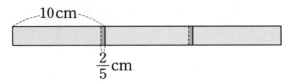

**10** 분모가 15인 대분수가 2개 있습니다. 이 두 대분수의 합이 $7\dfrac{11}{15}$, 차가 $3\dfrac{5}{15}$일 때 두 대분수 중 큰 분수를 구해 보세요.

**11** ㉮◆㉯$=$㉮$-($㉯$+\dfrac{3}{7})$일 때, 다음을 계산해 보세요.

$$3\dfrac{1}{7} \ \blacklozenge \ \dfrac{6}{7}$$

**12** 대분수로만 만들어진 다음 뺄셈식에서 ㉮$+$㉯가 가장 클 때의 값을 구해 보세요.

$$5\dfrac{㉮}{9}-3\dfrac{㉯}{9}=2\dfrac{1}{9}$$

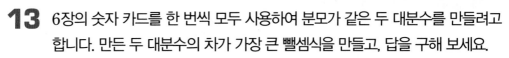
**13** 6장의 숫자 카드를 한 번씩 모두 사용하여 분모가 같은 두 대분수를 만들려고 합니다. 만든 두 대분수의 차가 가장 큰 뺄셈식을 만들고, 답을 구해 보세요.

| 4 | 3 | 8 | 5 | 8 | 9 |

**14** ☐ 안에 들어갈 수 있는 자연수는 모두 몇 개인가요?

$$3\frac{2}{9}+2\frac{1}{9}<\frac{\square}{9}<7\frac{8}{9}-1\frac{3}{9}$$

**15** 그림을 보고 ㉠에서 ㉤까지의 거리는 몇 km인지 구해 보세요.

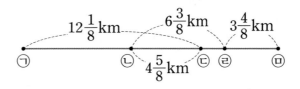

**16** 가와 나 수도를 사용하여 물탱크에 물을 받으려고 합니다. 물이 가 수도는 $\frac{1}{3}$ 시간에 $21\frac{5}{8}$ L씩 나오고 나 수도는 $\frac{1}{2}$ 시간에 $30\frac{3}{6}$ L 씩 나온다면, 두 수도를 동시에 틀어서 1시간 동안 받을 수 있는 물의 양은 몇 L인가요?

**01**

대분수로만 만들어진 식입니다. □ 안에 공통으로 들어갈 수 있는 수를 모두 구해 보세요.

$$4\frac{\square}{8}+2\frac{1}{8}<7\frac{1}{8} \qquad 1\frac{5}{9}+3\frac{\square}{9}>5\frac{1}{9}$$

**02**

규칙에 따라 배열한 분수의 뺄셈식입니다. 10번째 식을 계산한 값을 구해 보세요.

$$8\frac{1}{3}-\frac{2}{3},\ 9\frac{2}{4}-1\frac{3}{4},\ 10\frac{3}{5}-2\frac{4}{5},\ 11\frac{4}{6}-3\frac{5}{6},\ \cdots$$

뺄셈식에서 앞의 분수와 뒤의 분수가 어떻게 변하는지 규칙을 알아봅니다.

**03**

주어진 숫자 카드 4장을 모두 □ 안에 넣어 덧셈식이 성립되도록 해 보세요. (단, 더하는 순서만 바뀐 것은 한 가지 식으로 생각합니다.)

$$\boxed{2}\ \boxed{3}\ \boxed{5}\ \boxed{9}$$

(1) $\dfrac{\square}{10}+\dfrac{\square}{10}=6\dfrac{4}{10}$ 

(2) $\dfrac{\square}{10}+\dfrac{\square}{10}=6\dfrac{4}{10}$

**04**

주어진 식에서 ♥와 ★은 0이 아닌 서로 다른 숫자입니다. ♥와 ★의 합이 될 수 있는 값들을 모두 더하면 얼마인가요?

$$♥\frac{5}{8}+★\frac{7}{8}<10$$

**05**

★과 ♥는 모두 분모가 9인 분수입니다. ♥＋♥＋♥의 값을 구해 보세요. (단, 같은 모양은 같은 분수를 나타냅니다.)

$$★ + ♥ = 1\frac{1}{9}$$
$$★ - ♥ = \frac{4}{9}$$

**06**

$7\dfrac{4}{★} = 6\dfrac{★+4}{★}$입니다.

★은 모두 같은 자연수입니다. 다음을 만족하는 ★에 알맞은 수를 구해 보세요.

$$7\frac{4}{★} = 1\frac{8}{★} + 5\frac{7}{★}$$

**07**

세 분수 ㉮, ㉯, ㉰가 있습니다. ㉮와 ㉯의 합은 $9\dfrac{4}{8}$, ㉯와 ㉰의 합은 $13\dfrac{3}{8}$입니다. ㉮, ㉯, ㉰의 합이 17이라면 ㉯는 얼마인가요?

**08**

150쪽이 동화책 전체의 몇 분의 몇인지 알아봅니다.

영수는 동화책을 어제는 전체의 $\dfrac{6}{14}$, 오늘은 전체의 $\dfrac{4}{14}$를 읽었습니다. 어제와 오늘 읽은 동화책 쪽수가 모두 150쪽이라면 영수가 읽고 있는 동화책의 전체 쪽수는 몇 쪽인가요?

**09** 다음은 대분수로만 만들어진 뺄셈식입니다. 조건을 만족하는 여러 가지 뺄셈식을 만들어 보세요.

$$5\frac{♥}{12} - 2\frac{★}{12} = 2\frac{4}{12}$$

$$5\frac{\square}{12} - 2\frac{\square}{12} = 2\frac{4}{12} \qquad 5\frac{\square}{12} - 2\frac{\square}{12} = 2\frac{4}{12} \qquad 5\frac{\square}{12} - 2\frac{\square}{12} = 2\frac{4}{12}$$

**10** 다음 분수의 덧셈식에서 주어진 조건을 모두 만족하는 ♥, ★, ▲를 각각 구해 보세요.

$$4\frac{♥}{10} + 1\frac{★}{10} = 6\frac{▲}{10}$$

· ♥, ★, ▲는 0보다 크고 10보다 작은 서로 다른 짝수입니다.
· ♥ − ★ = ★ − ▲입니다.

**11**

정사각형의 네 변의 길이의 합과 삼각형의 세 변의 길이의 합이 같습니다.

석기는 가지고 있던 철사를 똑같이 반으로 나누어 각각 오른쪽 그림과 같은 삼각형과 정사각형을 한 개씩 만들었습니다. 철사를 남김없이 사용했다면, 만든 정사각형의 한 변의 길이는 몇 cm인가요?

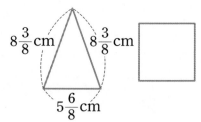

고난이도의 문제를 해결하면서 문제 해결력을 높여요.

**12**

길이가 20 cm인 양초에 불을 붙인 다음, 15분 후에 양초의 길이를 재어 보니 $17\frac{2}{5}$ cm였습니다. 양초에 불을 붙이고 1시간이 지났을 때, 남은 양초의 길이는 몇 cm인가요? (단, 양초가 타는 빠르기는 일정합니다.)

**13**

길이가 $3\frac{2}{8}$ m인 막대가 있습니다. 이 막대를 연못의 바닥에 닿도록 넣었다가 꺼낸 후 다시 거꾸로 연못에 넣었다가 꺼냈습니다. 막대가 물에 젖지 않은 부분이 $\frac{4}{8}$ m 였다면 연못의 깊이는 몇 m인가요? (단, 막대와 연못의 바닥이 닿았을 때 이루는 각도는 직각입니다.)

**14**

책 2권을 꺼냈을 때 줄어든 무게가 책 2권의 무게입니다.

바구니 안에 무게가 같은 책 4권을 넣고 무게를 재어 보니 8 kg이었습니다. 책 2권을 꺼내고 다시 무게를 재어 보니 $4\frac{2}{4}$ kg이었습니다. 빈 바구니 안에 책 1권을 넣고 무게를 재면 몇 kg이 되는지 구해 보세요.

**1**
단원

**1** 계산해 보세요.

(1) $\dfrac{2}{7}+\dfrac{4}{7}$　　　　(2) $\dfrac{5}{10}+\dfrac{9}{10}$

(3) $\dfrac{11}{12}-\dfrac{6}{12}$　　　(4) $8-\dfrac{10}{15}$

**2** 크기를 비교하여 ○ 안에 >, =, <를 알맞게 써넣으세요.

$$\dfrac{10}{13}+\dfrac{9}{13}\ \bigcirc\ 1\dfrac{4}{13}$$

**3** 두 분수의 합과 차를 각각 구해 보세요.

$$3\dfrac{11}{12}\qquad 5\dfrac{7}{12}$$

합 (　　　　　　　)

차 (　　　　　　　)

**4** 빈 곳에 알맞은 분수를 써넣으세요.

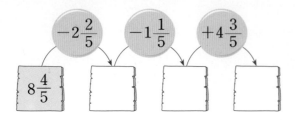

**5** 그림을 보고 학교에서 슈퍼마켓까지의 거리를 구해 보세요.

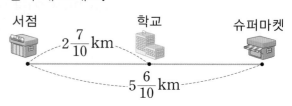

서점　　　　학교　　　　슈퍼마켓

$2\dfrac{7}{10}$ km

$5\dfrac{6}{10}$ km

**6** 효근이는 $\dfrac{17}{20}$ kg의 대추를 땄습니다. 그중에서 $\dfrac{5}{20}$ kg을 이웃집에게 주었습니다. 남아 있는 대추는 몇 kg인가요?

**7** 관계있는 것끼리 선으로 이어 보세요.

$2-\dfrac{3}{9}$ ·　　　· $1\dfrac{5}{9}$

$3\dfrac{5}{9}-\dfrac{7}{9}$ ·　　　· $1\dfrac{6}{9}$

$1\dfrac{1}{9}+\dfrac{4}{9}$ ·　　　· $2\dfrac{7}{9}$

**8** $\square$ 안에 알맞은 분수를 써넣으세요.

(1) $7\dfrac{3}{8} + \boxed{\phantom{xx}} = 9\dfrac{4}{8}$

(2) $\boxed{\phantom{xx}} - 2\dfrac{1}{15} = 1\dfrac{6}{15}$

**9** 계산해 보세요.

$$14\dfrac{7}{12} - \dfrac{3}{12} + \dfrac{11}{12}$$

**10** $\square$ 안에 들어갈 수 있는 자연수를 모두 구해 보세요.

$$4\dfrac{\square}{19} < 2\dfrac{16}{19} + 1\dfrac{10}{19}$$

**11** 가장 큰 수와 가장 작은 수의 합과 차를 각각 구해 보세요.

$$2\dfrac{3}{5} \qquad \dfrac{14}{5} \qquad 1\dfrac{4}{5} \qquad 3$$

합 (           )

차 (           )

**12** 계산 결과가 가장 큰 것부터 차례대로 기호를 써 보세요.

$\bigcirc\ 8\dfrac{12}{25} + 7\dfrac{19}{25}$     $\bigcirc\ 16\dfrac{18}{25} + \dfrac{17}{25}$

$\bigcirc\ 23\dfrac{15}{25} - 6\dfrac{21}{25}$     $\bigcirc\ 17\dfrac{4}{25} - \dfrac{9}{25}$

**13** 과수원에서 예슬이는 $5\dfrac{19}{25}$ kg의 사과를 땄고, 웅이는 $3\dfrac{21}{25}$ kg의 사과를 땄습니다. 누가 사과를 몇 kg 더 많이 땄는지 구해 보세요.

**14** 석기가 옷을 입고 몸무게를 재어 보았더니 $32\dfrac{3}{8}$ kg이었고, 옷만의 무게를 재어 보았더니 $\dfrac{5}{8}$ kg이었습니다. 석기의 몸무게는 몇 kg인가요?

**15** 물통에 물이 $15\frac{3}{5}$ L 들어 있었습니다. 이 물을 하루에 $2\frac{4}{5}$ L씩 3일 동안 사용하였습니다. 물통에 남은 물은 몇 L인가요?

**16** 영수와 형, 동생이 어떤 일을 하는 데 각각 1시간 동안 전체의 $\frac{6}{36}$, $\frac{7}{36}$, $\frac{5}{36}$ 만큼씩을 합니다. 세 사람이 함께 일하면 이 일을 몇 시간 만에 끝낼 수 있나요?

**17** ●는 모두 같은 자연수를 나타낼 때, ●를 구해 보세요.

$$1\frac{5}{●}+3\frac{7}{●}=5\frac{4}{●}$$

**18** 어떤 수에서 $1\frac{2}{7}$를 빼야 할 것을 잘못하여 더했더니 $8\frac{5}{7}$가 되었습니다. 바르게 계산하면 얼마인지 설명해 보세요.

**19** 석기는 8 kg의 쌀을 사 와서 $2\frac{7}{8}$ kg을 먹었고, $3\frac{3}{8}$ kg을 불우 이웃 돕기를 위해 사용했습니다. 석기에게 남은 쌀은 몇 kg인지 설명해 보세요.

**20** 길이가 $4\frac{5}{10}$ cm, $2\frac{4}{10}$ cm인 두 개의 색 테이프를 겹쳐서 한 줄로 이어 붙였더니 그 길이가 $5\frac{4}{10}$ cm였습니다. 겹쳐진 부분의 길이는 몇 cm인지 설명해 보세요.

# 단원 2 삼각형

## 이번에 배울 내용

**1** 삼각형 분류하기(1)

**2** 이등변삼각형의 성질 알아보기

**3** 정삼각형의 성질 알아보기

**4** 삼각형 분류하기(2)

**5** 삼각형을 두 가지 기준으로 분류하기

# 2. 삼각형

## Step 1 개념 확인하기

### 1 삼각형 분류하기 (1)

• 변의 길이에 따른 분류

(1) 이등변삼각형

두 변의 길이가 같은 삼각형을 이등변삼각형이라고 합니다.

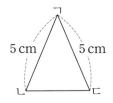

(변 ㄱㄴ)=(변 ㄱㄷ)

(2) 정삼각형

세 변의 길이가 같은 삼각형을 정삼각형이라고 합니다.

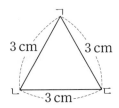

(변 ㄱㄴ)=(변 ㄴㄷ)=(변 ㄷㄱ)

### 2 이등변삼각형의 성질 알아보기

• 이등변삼각형에서 길이가 같은 두 변과 함께 하는 두 각의 크기는 같습니다.

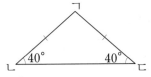

(각 ㄱㄴㄷ)=(각 ㄱㄷㄴ)

참고 이등변삼각형 모양의 종이를 반으로 접으면 완전히 포개집니다.

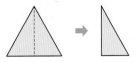

### 3 정삼각형의 성질 알아보기

• 세 각의 크기가 같고, 세 각이 모두 60°입니다.
• 정삼각형 그리기

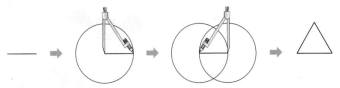

선분을 긋습니다.

그 선분을 반지름으로 하여 한 끝점에서 원을 그립니다.

같은 반지름으로 하여 다른 끝점에서 원을 그립니다.

두 원이 만나는 점을 선분의 양 끝점과 연결하여 삼각형을 완성합니다.

## 확인문제

**1** 이등변삼각형을 모두 찾아 기호를 써 보세요.

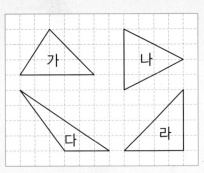

**2** 정삼각형을 찾아 기호를 써 보세요.

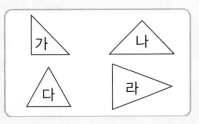

**3** 이등변삼각형입니다. □ 안에 알맞은 수를 써넣으세요.

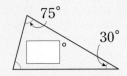

**4** 정삼각형입니다. □ 안에 알맞은 수를 써넣으세요.

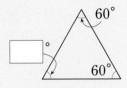

## 4 삼각형 분류하기 (2)

• 각의 크기에 따른 분류

(1) 세 각이 모두 예각인 삼각형을 예각삼각형이라고 합니다.

(2) 한 각이 둔각인 삼각형을 둔각삼각형이라고 합니다.

(3) 한 각이 직각인 삼각형을 직각삼각형이라고 합니다.

 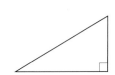 

## 5 삼각형을 두 가지 기준으로 분류하기

• 변의 길이와 각의 크기에 따른 삼각형의 분류

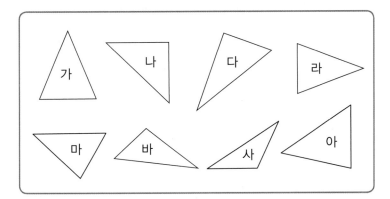

|  | 예각삼각형 | 둔각삼각형 | 직각삼각형 |
|---|---|---|---|
| 이등변삼각형 | 가, 라 | 사 | 나 |
| 세 변의 길이가 모두 다른 삼각형 | 마, 아 | 바 | 다 |

**확인문제**

**5** 삼각형을 보고 물음에 답하세요.

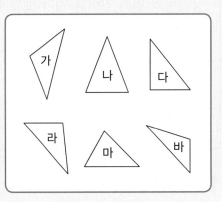

(1) 예각삼각형을 모두 찾아 기호를 쓰세요.

(2) 둔각삼각형을 모두 찾아 기호를 쓰세요.

**6** 다음 삼각형을 변의 길이와 각의 크기에 따라 분류해 보세요.

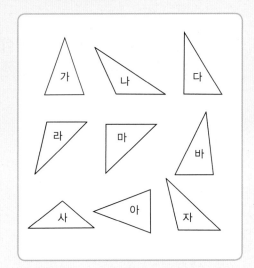

|  | 예각 삼각형 | 둔각 삼각형 | 직각 삼각형 |
|---|---|---|---|
| 이등변 삼각형 |  |  |  |
| 세 변의 길이가 모두 다른 삼각형 |  |  |  |

**유형 1** 이등변삼각형 알아보기

삼각형의 변의 길이를 재어 보고 이등변삼각형을 모두 찾아 기호를 써 보세요.

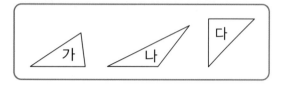

**1-1** 이등변삼각형입니다. 변 ㄴㄷ의 길이는 몇 cm인가요?

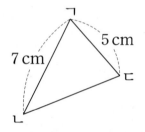

**1-2** 주어진 선분을 한 변으로 하는 이등변삼각형을 그려 보세요.

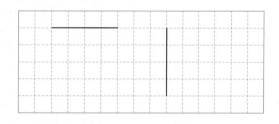

**1-3** 다음과 같은 이등변삼각형의 세 변의 길이의 합은 몇 cm인가요?

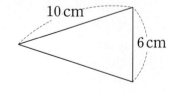

**유형 2** 정삼각형 알아보기

정삼각형입니다. ☐ 안에 알맞은 수를 써넣으세요.

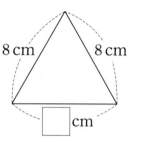

**2-1** 정삼각형입니다. 변 ㄴㄷ의 길이는 몇 cm인가요?

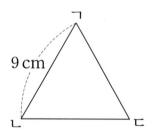

**2-2** 삼각형의 세 변의 길이를 나타낸 것입니다. 정삼각형을 찾아 기호를 써 보세요.

> 가 : 10 cm, 8 cm, 9 cm
> 나 : 7 cm, 7 cm, 7 cm
> 다 : 6 cm, 6 cm, 8 cm

**2-3** 다음과 같은 정삼각형의 세 변의 길이의 합은 몇 cm인가요?

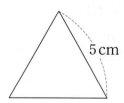

**유형 3**  이등변삼각형의 성질

이등변삼각형입니다. □ 안에 알맞은 수를 써넣으세요.

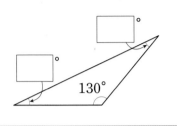

**3-1** □ 안에 알맞은 수를 써넣으세요.

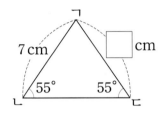

**3-2** 이등변삼각형입니다. ㉮의 크기를 구해 보세요.

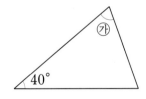

**3-3** 삼각형 ㄱㄴㄷ은 이등변삼각형입니다. □ 안에 알맞은 수를 써넣으세요.

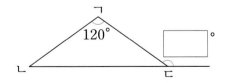

**3-4** 다음 삼각형에서 □ 안에 알맞은 수를 써넣으세요.

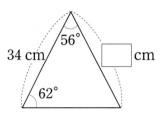

**3-5** 다음 도형 중 이등변삼각형을 모두 찾아 기호를 써 보세요.

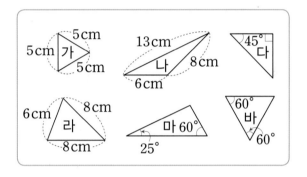

**3-6** 세 변의 길이의 합이 66 cm인 이등변삼각형입니다. □ 안에 알맞은 수를 써넣으세요.

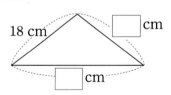

**3-7** 다음은 모양과 크기가 같은 이등변삼각형 2개를 붙여 놓은 것입니다. 사각형 ㄱㄴㄷㄹ의 둘레는 몇 cm인가요?

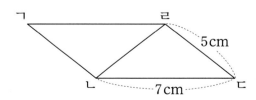

**유형 4** 정삼각형의 성질

정삼각형입니다. ☐ 안에 알맞은 수를 써넣으세요.

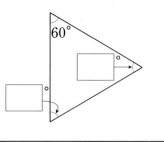

**4-1** 정삼각형입니다. ☐ 안에 알맞은 수를 써넣으세요.

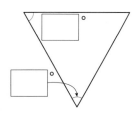

**4-2** 삼각형 ㄱㄴㄷ은 정삼각형입니다. ☐ 안에 알맞은 수를 써넣으세요.

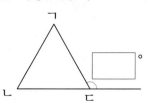

**4-3** 도형에서 ㉠과 ㉡의 합을 구하세요.

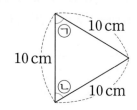

**4-4** 정삼각형입니다. ☐ 안에 알맞은 수를 써넣으세요.

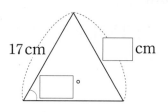

**4-5** 그림과 같은 삼각형의 세 변의 길이의 합을 구해 보세요.

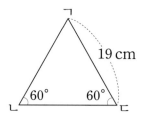

**4-6** 정삼각형 2개를 이어 붙여 만든 사각형입니다. 각 ㄴㄷㄹ의 크기를 구해 보세요.

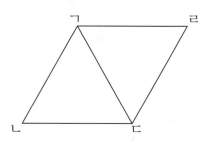

**4-7** 길이가 54 cm인 철사를 남김없이 모두 사용하여 정삼각형 1개를 만들었습니다. 정삼각형의 한 변의 길이는 몇 cm인가요?

**유형 5** 예각삼각형 알아보기

삼각형을 보고 □ 안에 알맞은 말을 써넣으세요.

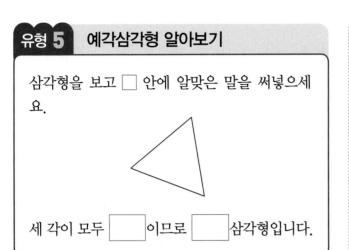

세 각이 모두 □이므로 □삼각형입니다.

**5-1** 예각삼각형을 모두 찾아 기호를 써 보세요.

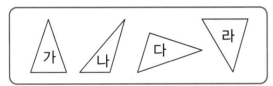

**5-2** 주어진 선분을 한 변으로 하는 예각삼각형을 그려 보세요.

**5-3** 도형에서 찾을 수 있는 크고 작은 예각삼각형은 모두 몇 개인가요?

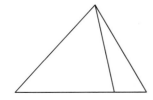

**5-4** 직사각형 모양의 종이를 점선을 따라 오려서 여러 개의 삼각형을 만들었습니다. 예각삼각형은 모두 몇 개인가요?

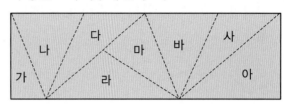

**5-5** 세 각의 크기가 다음과 같은 삼각형을 무슨 삼각형이라고 하는지 기호를 써 보세요.

35°  70°  75°

㉠ 이등변삼각형  ㉡ 직각삼각형
㉢ 정삼각형  ㉣ 예각삼각형

**5-6** 정삼각형은 예각삼각형이라고 할 수 있나요? 할 수 있다면 그 이유를 써 보세요.

**5-7** 삼각형의 세 각 중 두 각만 나타낸 것입니다. 예각삼각형을 모두 찾아 기호를 써 보세요.

㉠ 35°, 45° ㉡ 50°, 40° ㉢ 60°, 70°
㉣ 90°, 20° ㉤ 65°, 30° ㉥ 25°, 37°

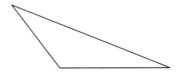
유형 6  둔각삼각형 알아보기

삼각형을 보고 ☐ 안에 알맞은 말을 써넣으세요.

한 각이 [  ]이므로 [  ]삼각형입니다.

**6-1** 둔각삼각형은 모두 몇 개인가요?

**6-2** 주어진 선분을 한 변으로 하는 둔각삼각형을 그려 보세요.

**6-3** 직사각형 모양의 종이를 점선을 따라 모두 오려서 여러 가지 삼각형을 만들었습니다. 둔각삼각형을 모두 찾아 기호를 써 보세요.

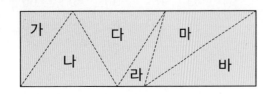

**6-4** 선분 ㄱㄴ을 한 변으로 하는 둔각삼각형을 그리려고 합니다. 어느 점을 택하여 이어야 하는지 기호를 써 보세요.

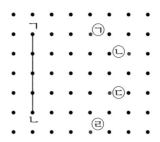

**6-5** 세 각의 크기가 다음과 같은 삼각형을 무슨 삼각형이라고 하나요?

| 25°  110°  45° |

① 이등변삼각형     ② 직각삼각형
③ 정삼각형         ④ 예각삼각형
⑤ 둔각삼각형

**6-6** 그림에서 찾을 수 있는 크고 작은 둔각삼각형을 모두 써 보세요.

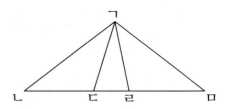

**6-7** 삼각형의 세 각 중 두 각만 나타낸 것입니다. 둔각삼각형을 모두 찾아 기호를 써 보세요.

| ㉠ 30°, 60°  ㉡ 20°, 45°  ㉢ 70°, 80° |
| ㉣ 65°, 15°  ㉤ 50°, 50°  ㉥ 40°, 30° |

**유형 7** 삼각형을 두 가지 기준으로 분류하기

주어진 삼각형을 두 가지 기준으로 분류한 것입니다. 알맞은 말에 ○표 하세요.

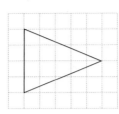

변의 길이에 따라 분류하면 이등변삼각형이고 각의 크기에 따라 분류하면
( 예각삼각형, 둔각삼각형, 직각삼각형 )입니다.

**7-1** 알맞은 것끼리 이어 보세요.

이등변삼각형      정삼각형

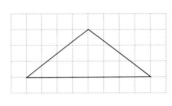

예각삼각형    둔각삼각형    직각삼각형

**7-2** □ 안에 알맞은 삼각형의 이름을 써넣으세요.

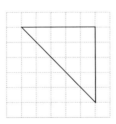

• 이 삼각형은 두 변의 길이가 같기 때문에
  [          ] 입니다.

• 이 삼각형은 직각이 있기 때문에
  [          ] 입니다.

• 이 삼각형은 두 각의 크기가 같기 때문에
  [          ] 입니다.

**7-3** 삼각형을 분류하여 기호를 써 보세요.

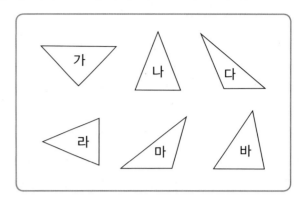

|  | 예각삼각형 | 둔각삼각형 | 직각삼각형 |
|---|---|---|---|
| 이등변 삼각형 |  |  |  |
| 세 변의 길이가 모두 다른 삼각형 |  |  |  |

**7-4** 세 변의 길이가 모두 다른 삼각형 중 직각삼각형을 그려 보세요.

**7-5** 주어진 삼각형의 이름으로 알맞은 것을 모두 고르세요.

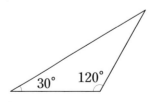

① 정삼각형          ② 이등변삼각형
③ 예각삼각형        ④ 둔각삼각형
⑤ 직각삼각형

2 단원

**1** 이등변삼각형입니다. □ 안에 알맞은 수를 써넣으세요.

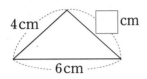

4 cm    □ cm
6 cm

**2** 정삼각형을 모두 찾아 기호를 써 보세요.

가    나    다    라

**3** 정삼각형입니다. □ 안에 알맞은 수를 써넣으세요.

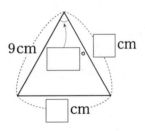

9 cm    □ cm
□ cm

**4** 이등변삼각형을 모두 찾아 기호를 써 보세요.

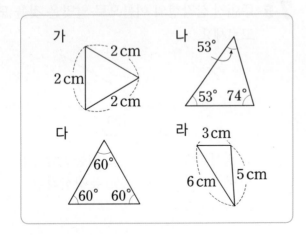

가
2 cm
2 cm
2 cm

나
53°
53°  74°

다
60°
60°  60°

라
3 cm
6 cm  5 cm

**5** 이등변삼각형입니다. 세 변의 길이의 합은 몇 cm인가요?

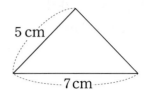

5 cm
7 cm

**6** 삼각형 ㄱㄴㄷ은 이등변삼각형입니다. □ 안에 알맞은 수를 써넣으세요.

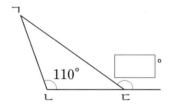

ㄱ
110°
ㄴ    ㄷ
□°

**7** 삼각형의 세 변의 길이를 나타낸 것입니다. 정삼각형은 어느 것인가요?

① 4 cm, 6 cm, 7 cm
② 6 cm, 8 cm, 10 cm
③ 7 cm, 7 cm, 7 cm
④ 15 cm, 30 cm, 20 cm
⑤ 6 cm, 6 cm, 9 cm

**8** 다음 조건을 모두 만족하는 삼각형의 이름을 써 보세요.

• 세 변의 길이가 모두 같습니다.
• 세 각의 크기가 모두 같습니다.

**9** 길이가 50 cm인 철사를 남기거나 겹치는 부분이 없도록 구부려서 다음과 같은 이등변삼각형을 만들었습니다. ☐ 안에 알맞은 수를 써넣으세요.

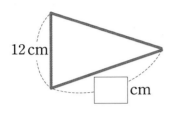

**10** 직사각형 모양의 색 도화지를 반으로 접고 점선을 그은 다음 점선을 따라 자르고 다시 펼쳐서 이등변삼각형을 만들었습니다. ㉠은 몇 도인가요?

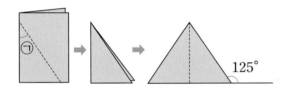

**11** 다음과 같은 창살 무늬가 있습니다. 이 무늬 위에 크기가 다른 정삼각형을 3개 그려 보세요.

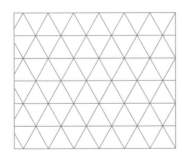

**12** 길이가 45 cm인 철사를 구부려 가장 큰 정삼각형을 한 개 만들려고 합니다. 한 변의 길이를 몇 cm로 해야 하나요?

**13** 직사각형 모양의 색종이를 반으로 접고 그림과 같이 선을 그은 후 선을 따라 잘랐습니다. 잘라진 삼각형을 펼쳤을 때, 삼각형의 세 변의 길이의 합을 구해 보세요.

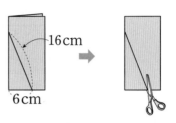

**14** 길이가 39 cm인 철사를 남김없이 모두 사용하여 한 변의 길이가 15 cm인 이등변삼각형을 만들었습니다. 나머지 두 변의 길이가 같을 때, 그 길이는 몇 cm로 같은가요?

**15** 삼각형 ㄱㄴㄷ과 삼각형 ㄹㄴㄷ은 이등변삼각형입니다. 각 ㄴㄹㄷ의 크기를 구하세요.

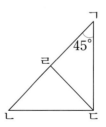

**16** 다음 도형은 정삼각형 3개를 겹치는 부분없이 붙여 놓은 것입니다. 정삼각형의 한 변의 길이가 7 cm이면, 다음 도형의 둘레는 몇 cm인가요?

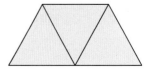

**17** 다음 도형을 보고 ☐ 안에 알맞은 수를 써넣으세요.

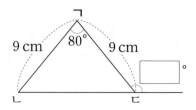

**18** 이등변삼각형과 정삼각형을 다음 그림과 같이 붙여서 사각형을 만들었습니다. ☐ 안에 알맞은 수를 써넣으세요.

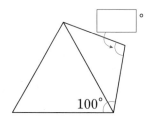

**19** 오른쪽 이등변삼각형과 세 변의 길이의 합이 같은 정삼각형의 한 변의 길이는 몇 cm인가요?

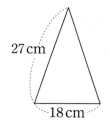

**20** 상연이는 철사를 75 cm 가지고 있습니다. 이 철사로 다음 그림과 같은 삼각형을 만들 때, 남는 철사는 몇 cm인가요?

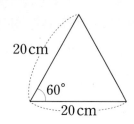

**21** 삼각형 모양 부분이 이등변삼각형인 것을 모두 찾아 기호를 써 보세요.

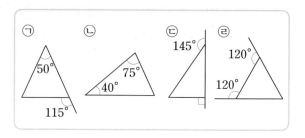

**22** 오른쪽 삼각형 ㄱㄴㄷ의 세 변의 길이의 합을 구해 보세요.

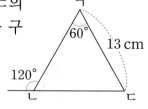

**23** 한 변의 길이가 2 cm인 정삼각형 16개를 오른쪽과 같이 붙여 놓았습니다. 이 모양에서 찾을 수 있는 한 변의 길이가 4 cm인 정삼각형은 모두 몇 개인가요?

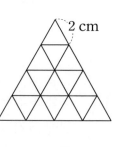

**24** 다음 그림은 정삼각형 3개를 붙여 놓은 것입니다. 사각형 ㄱㄴㄹㅁ의 네 변의 길이의 합이 45 cm라고 할 때, 정삼각형의 한 변의 길이를 구해 보세요.

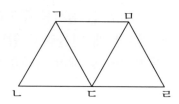

**25** 다음 그림은 세 변의 길이의 합이 25 cm인 이등변삼각형 ㄴㄷㄹ과 정삼각형 ㄱㄴㄹ을 붙여서 사각형 ㄱㄴㄷㄹ을 만든 것입니다. 사각형 ㄱㄴㄷㄹ의 네 변의 길이의 합은 몇 cm인가요?

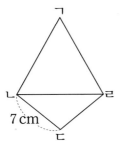

삼각형을 보고 물음에 답하세요. [26~27]

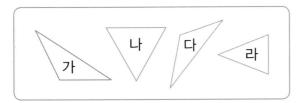

**26** 예각삼각형을 모두 찾아 기호를 써 보세요.

**27** 둔각삼각형을 모두 찾아 기호를 써 보세요.

**28** 직사각형 모양의 종이를 점선을 따라 오려서 여러 개의 삼각형을 만들었습니다. 예각삼각형, 직각삼각형, 둔각삼각형은 몇 개인지 각각 구해 보세요.

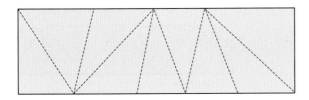

**29** 주어진 선분을 한 변으로 하는 예각삼각형을 만들려면 어떤 점을 연결해야 하나요?

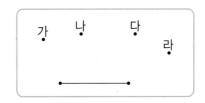

**30** 다음과 같이 직사각형 안에 선을 그었습니다. 이 도형에서 크고 작은 둔각삼각형은 모두 몇 개 찾을 수 있나요?

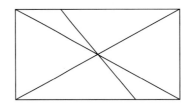

**31** 다음은 삼각형의 세 각 중 두 각의 크기를 나타낸 것입니다. 알맞은 삼각형을 모두 찾아서 빈칸에 기호를 써넣으세요.

㉠ 50°, 40°  ㉡ 60°, 95°  ㉢ 30°, 80°
㉣ 110°, 20°  ㉤ 45°, 60°  ㉥ 25°, 37°

| 예각삼각형 | 직각삼각형 | 둔각삼각형 |
|---|---|---|
|  |  |  |

**32** 변 ㄱㄹ과 변 ㄹㄷ의 길이가 같습니다. 삼각형 ㄱㄴㄷ은 예각삼각형, 직각삼각형, 둔각삼각형 중 어느 것인가요?

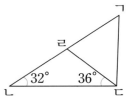

**33** 선분 ㄱㄴ을 한 변으로 하는 둔각삼각형을 그리려고 합니다. 어느 점을 이어야 하는지 기호를 써 보세요.

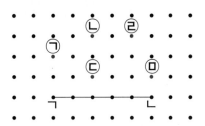

**34** □ 안에 알맞은 수를 써넣고, 예각삼각형, 직각삼각형, 둔각삼각형으로 구분해 보세요.

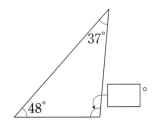

**35** 다음 그림에서 ㉮의 각도를 구하고, 삼각형 ㄹㅁㄷ은 어떤 삼각형인지 써 보세요.

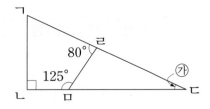

**36** 삼각형 ㄷㄹㅁ이 이등변삼각형일 때, 각 ㄴㄱㄹ의 크기를 구해 보세요.

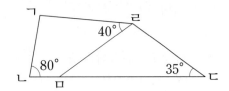

**37** 다음 모눈종이 위에 이등변삼각형이면서 직각삼각형이 되는 도형을 그려 보세요.

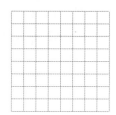

**38** 한 변의 길이가 7 cm인 정삼각형과 한 변의 길이가 8 cm이고 다른 두 변의 길이가 각각 6 cm인 이등변삼각형이 있습니다. 두 삼각형의 세 변의 길이의 합은 어느 삼각형이 몇 cm 더 긴가요?

**39** 석기는 철사로 한 변의 길이가 18 cm인 정사각형을 만들었습니다. 이 철사를 곧게 펴서 가장 큰 정삼각형을 만들려면 한 변의 길이를 몇 cm로 해야 하나요?

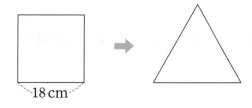

**40** 모양과 크기가 같은 이등변삼각형 5개를 붙여서 만든 도형의 둘레의 길이를 구해 보세요.

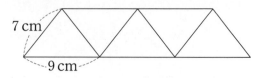

**41** 한 변의 길이가 6 cm인 정삼각형 15개를 그림과 같이 붙여 놓았습니다. 사각형 ㄱㄴㄷㄹ의 둘레의 길이를 구해 보세요.

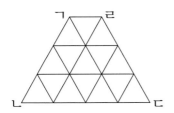

**42** 그림과 같이 똑같은 이등변삼각형 2개를 붙여서 사각형 ㄱㄴㄷㄹ을 만들었습니다. 사각형 ㄱㄴㄷㄹ의 네 변의 길이의 합을 구해 보세요.

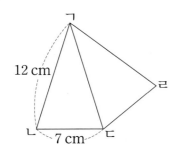

**43** 변 ㄴㄷ과 변 ㄷㄹ이 일직선이 되도록 하였을 때, 각 ㄱㄷㅁ의 크기는 몇 도인지 구해 보세요.

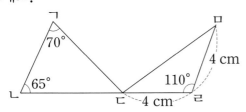

**44** 삼각형 ㄱㄷㄹ은 이등변삼각형입니다. 각 ㄹㄱㄷ과 각 ㄱㄷㄴ의 크기의 합을 구해 보세요.

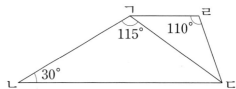

**45** 다음 그림은 한 변의 길이가 4 cm인 정삼각형 16개를 붙여 놓은 것입니다. 가장 큰 정삼각형의 둘레의 길이를 구해 보세요.

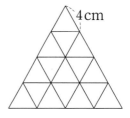

**46** 삼각형 ㄱㄴㄷ은 직각삼각형이고, 삼각형 ㄴㄷㄹ은 이등변삼각형입니다. 삼각형 ㄱㄴㄹ의 이름을 2가지만 써 보세요.

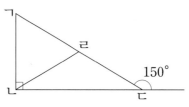

둔각삼각형은 한 각이 둔각입니다.

**1** 선분 ㄱㄴ의 양 끝점에서 크기가 같은 각을 그려서 만난 점을 이었더니 둔각삼각형이 되었습니다. ☐ 안에 들어갈 수 있는 수 중 가장 큰 수를 구해 보세요.

㉠과 ㉡은 각각 ☐°보다 작아야 합니다.

**2** 이등변삼각형입니다. ☐ 안에 알맞은 수를 써넣으세요.

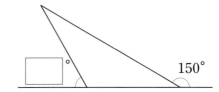

**3** 한별이는 철사를 30 cm 가지고 있습니다. 이 철사로 겹치는 부분이 없도록 구부려서 다음과 같은 삼각형을 만든다면 몇 cm가 남게 되나요?

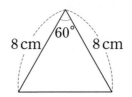

**4** 삼각형 ㄷㄹㅁ은 이등변삼각형입니다. 각 ㄴㄱㅁ의 크기를 구해 보세요.

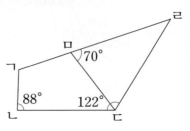

각 ㄴㄱㄷ을 똑같이 5등분 한 것입니다. 그림을 보고 물음에 답하세요.

[5~6]

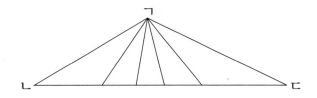

**5** 찾을 수 있는 크고 작은 예각삼각형은 모두 몇 개인가요?

**6** 찾을 수 있는 크고 작은 둔각삼각형은 모두 몇 개인가요?

**7** 정사각형 모양과 정삼각형 모양의 색종이를 이어 놓은 것입니다. 각 ㄴㄹㄷ의 크기를 구해 보세요.

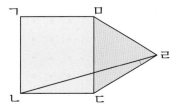

**8** 한 변의 길이가 26 cm인 정삼각형 모양의 종이를 다음 그림과 같이 접었습니다. ☐ 안에 알맞은 수를 써넣으세요.

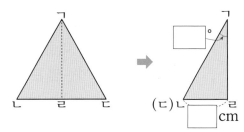

**9** 보기 와 같은 방법으로 주어진 삼각형을 그려 보세요.

보기

예각삼각형, 직각삼각형, 둔각삼각형 그리기

① 점과 점을 이어 선분을 그려 주어진 삼각형 3개를 그립니다.
② 삼각형끼리 변과 변이 떨어지거나 변을 가로질러 그리지 않도록 합니다.

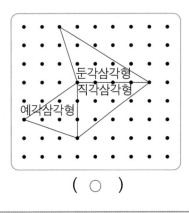

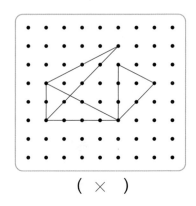

( ○ )　　　　　　　　( × )

예각삼각형, 이등변삼각형, 둔각삼각형 그리기

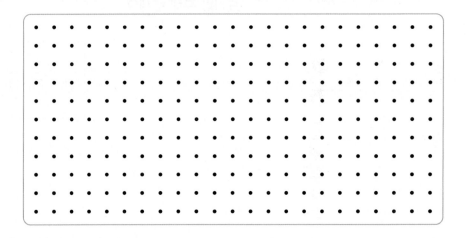

**10** 오른쪽 도형에서 삼각형 ㄴㄱㄷ과 삼각형 ㄴㄷㄹ은 이등변삼각형입니다. 각 ㄴㄷㄹ의 크기는 몇 도인지 구해 보세요.

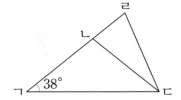

**11** 크기가 같은 성냥개비 18개로 오른쪽 그림과 같은 모양을 만들었습니다. 이 모양에서 찾을 수 있는 크고 작은 정삼각형은 모두 몇 개인지 구해 보세요.

**2** 단원

**12** 오른쪽 그림에서 찾을 수 있는 크고 작은 예각삼각형은 모두 몇 개인가요?

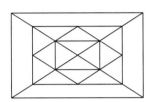

**13** 다음 그림에서 가로 방향과 세로 방향의 점과 점 사이의 간격은 모두 같습니다. 세 점을 꼭짓점으로 하는 둔각삼각형은 모두 몇 개 만들 수 있나요?

```
  ·    ·    ·

  ·    ·    ·
```

**14** 다음 그림에서 가로 방향과 세로 방향의 점과 점 사이의 간격은 모두 같습니니다. 세 점을 꼭짓점으로 하는 예각삼각형은 모두 몇 개 만들 수 있나요?

```
  ·    ·    ·

  ·    ·    ·

  ·    ·    ·
```

9등분 하여 점선으로 그려진 원의 반지름을 두 변으로 하는 삼각형을 그리려고 합니다. 물음에 답하세요. [01~03]

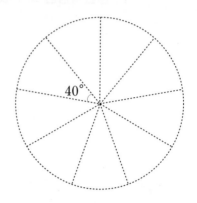

**01**
그릴 수 있는 크고 작은 예각삼각형은 모두 몇 개인지 구해 보세요.

**02**
그릴 수 있는 크고 작은 둔각삼각형은 모두 몇 개인지 구해 보세요.

**03**
그릴 수 있는 크고 작은 이등변삼각형은 모두 몇 개인지 구해 보세요.

원의 반지름을 두 변으로 하는 삼각형은 모두 이등변삼각형입니다.

**04**
사각형 ㄱㄴㄷㄹ의 네 변의 길이의 합은 몇 cm인가요?

주어진 각을 이용하여 삼각형 ㄱㄴㄷ, 삼각형 ㄱㄷㄹ은 어떤 삼각형인지 알아봅니다.

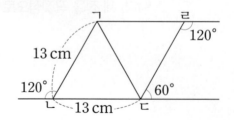

**05**

다음 그림과 같이 원 위에 같은 간격으로 6개의 점이 있습니다. 3개의 점을 연결하여 삼각형을 그릴 때, 이등변삼각형은 모두 몇 개 그릴 수 있나요?

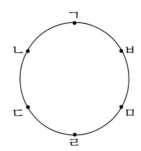

**06**

둘레의 길이가 18 cm인 정삼각형 11개로 이루어진 도형입니다. 이 도형의 둘레의 길이는 몇 cm인가요?

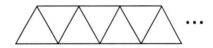

**07**

다음 그림에서 각 ㉮의 크기를 구해 보세요.

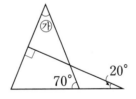

**08**

다음 그림에서 삼각형 ㄱㄴㄷ과 삼각형 ㄱㄹㅁ은 크기가 같은 정삼각형입니다. 각 ㉮의 크기를 구해 보세요.

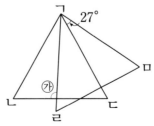

O 09

다음 그림은 정사각형 안에 2개의 정삼각형을 그린 모양입니다. 각 ㉮의 크기를 구해 보세요.

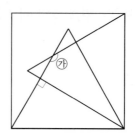

도형을 보고 물음에 답하세요. [10~11]

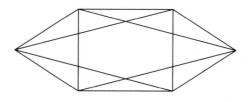

O 10

찾을 수 있는 크고 작은 예각삼각형은 모두 몇 개인가요?

O 11

찾을 수 있는 크고 작은 둔각삼각형은 모두 몇 개인가요?

O 12

반지름이 50 cm인 원 모양의 판지 한 장을 오려서 둘레가 150 cm인 정삼각형을 여러 장 만들려고 합니다. 한 장의 판지를 오려서 정삼각형을 가장 많이 만들려고 한다면 몇 장까지 만들 수 있나요?

**13** 다음 그림과 같이 똑같은 이등변삼각형 몇 개를 붙여 만든 도형의 둘레가 50 cm였습니다. 이등변삼각형 몇 개를 붙여 만든 도형인가요?

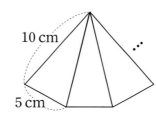

**14** 다음 도형에서 찾을 수 있는 크고 작은 이등변삼각형은 모두 몇 개인가요?

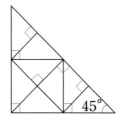

**15** 크기가 같은 면봉으로 다음과 같은 모양을 만들었습니다. 이 모양에서 찾을 수 있는 크고 작은 정삼각형은 모두 몇 개인가요?

**16** 삼각형 ㄱㄴㄷ은 이등변삼각형입니다. 각 ㄴㄱㄷ의 크기는 몇 도인가요?

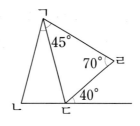

**1** 다음은 이등변삼각형입니다. 세 변의 길이의 합은 몇 cm인가요?

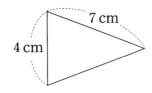

**2** 주어진 선분을 한 변으로 하는 이등변삼각형과 정삼각형을 각각 그려 보세요.

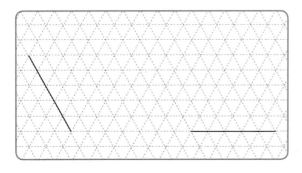

**3** 오른쪽 정삼각형의 세 변의 길이의 합은 몇 cm인가요?

**4** 세 변의 길이의 합이 36 cm인 정삼각형이 있습니다. 이 삼각형의 한 변의 길이는 몇 cm인가요?

**5** 삼각형 ㄱㄴㄷ은 이등변삼각형입니다. 이 삼각형의 세 변의 길이의 합은 한 변이 6 cm인 정사각형의 네 변의 길이의 합과 같습니다. 변 ㄴㄷ의 길이는 몇 cm인가요?

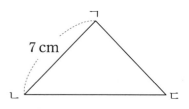

**6** 다음 삼각형 ㄱㄴㄷ에서 ☐ 안에 알맞은 수를 써넣으세요.

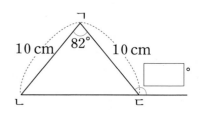

**7** 다음 이등변삼각형과 세 변의 길이의 합이 같은 정삼각형의 한 변의 길이는 몇 cm인가요?

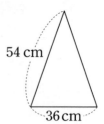

**8** 삼각형의 세 변의 길이를 나타낸 것입니다. 이등변삼각형을 모두 찾아 기호를 써 보세요.

> ㉠ 5 cm, 6 cm, 7 cm
> ㉡ 8 cm, 8 cm, 8 cm
> ㉢ 6 cm, 9 cm, 9 cm
> ㉣ 3 cm, 4 cm, 5 cm

**9** 예슬이는 철사를 80 cm 가지고 있습니다. 이 철사로 오른쪽 그림과 같은 삼각형을 만들 때, 남는 철사는 몇 cm인가요?

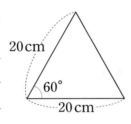

**10** 오른쪽 삼각형 ㄱㄴㄷ의 세 변의 길이의 합을 구해 보세요.

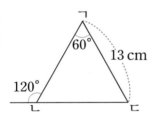

**11** 오른쪽 그림은 세 변의 길이의 합이 30 cm인 이등변삼각형 ㄴㄷㄹ과 정삼각형 ㄱㄴㄹ을 붙여서 사각형 ㄱㄴㄷㄹ을 만든 것입니다. 사각형 ㄱㄴㄷㄹ의 네 변의 길이의 합은 몇 cm인가요?

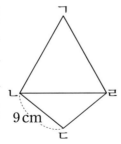

**12** 사각형 모양의 종이를 점선을 따라 모두 오려서 여러 개의 삼각형을 만들었습니다. 물음에 답하세요.

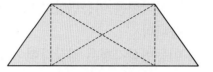

(1) 예각삼각형은 몇 개인가요?

(2) 직각삼각형은 몇 개인가요?

(3) 둔각삼각형은 몇 개인가요?

**13** 오른쪽은 철사를 남기거나 겹치는 부분이 없도록 구부려서 정사각형을 만든 것입니다. 이것을 펴서 만들 수 있는 가장 큰 정삼각형의 한 변의 길이는 몇 cm인가요?

9 cm

**14** 그림과 같이 직사각형 모양의 종이를 접었습니다. 삼각형 ㄱㄷㅁ은 무슨 삼각형이라고 할 수 있는지 모두 고르세요.

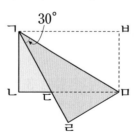

① 이등변삼각형　② 정삼각형
③ 예각삼각형　④ 직각삼각형
⑤ 둔각삼각형

**15** 바르게 설명한 것을 모두 고르세요.

① 세 변의 길이가 같은 삼각형은 정삼각형
입니다.

② 정삼각형은 이등변삼각형이라고 할 수 있
습니다.

③ 이등변삼각형은 정삼각형이라고 할 수 있
습니다.

④ 이등변삼각형은 세 각의 크기가 같습니
다.

⑤ 정삼각형은 예각삼각형입니다.

**16** ☐ 안에 알맞은 수를 써넣으세요.

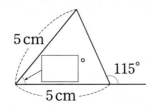

**17** 세 변의 길이의 합이 33 cm인 이등변삼각
형입니다. ☐ 안에 알맞은 수를 써넣으세요.

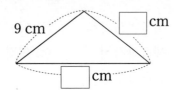

**18** 철사로 한 변의 길이가 27 cm인 정사각형
을 만들었습니다. 이 철사를 곧게 펴서 가장
큰 정삼각형을 만들려면 한 변의 길이를 몇
cm로 해야 하는지 설명해 보세요.

**19** 두 각의 크기가 각각 50°, 60°인 삼각형이
있습니다. 이 삼각형은 예각삼각형, 둔각삼
각형, 직각삼각형 중 어느 삼각형인지 설명
해 보세요.

**20** 다음은 정사각형과 정삼각형을 붙여 만든 도
형입니다. 이 도형 전체의 둘레의 길이는 몇
cm인지 설명해 보세요.

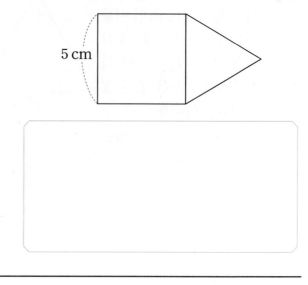

단원 **3**

# 소수의 덧셈과 뺄셈

**이번에 배울 내용**

1 소수 두 자리 수 알아보기

2 소수 세 자리 수 알아보기

3 소수 크기 비교하기

4 소수 사이의 관계 알아보기

5 소수 한 자리 수의 덧셈

6 소수 한 자리 수의 뺄셈

7 소수 두 자리 수의 덧셈

8 소수 두 자리 수의 뺄셈

## 1 소수 두 자리 수 알아보기

- 분수 $\dfrac{1}{100}$ 은 소수로 0.01이라 쓰고 영 점 영일이라고 읽습니다.

$$\dfrac{1}{100}=0.01$$

- 분수 $\dfrac{75}{100}$ 는 소수로 0.75라 쓰고, 영 점 칠오라고 읽습니다.

- 2.45는 이 점 사오라고 읽습니다.

| 일의 자리 | | 소수 첫째 자리 | 소수 둘째 자리 |
|---|---|---|---|
| 2 | . | | |
| 0 | . | 4 | |
| 0 | . | 0 | 5 |

2.45에서 2는 일의 자리 숫자이고 2를 나타냅니다.

4는 소수 첫째 자리 숫자이고 0.4를 나타냅니다.

5는 소수 둘째 자리 숫자이고 0.05를 나타냅니다.

참고 $1\,\text{cm}=\dfrac{1}{100}\,\text{m}=0.01\,\text{m}$, $27\,\text{cm}=\dfrac{27}{100}\,\text{m}=0.27\,\text{m}$

## 2 소수 세 자리 수 알아보기

- 분수 $\dfrac{1}{1000}$ 은 소수로 0.001이라 쓰고 영 점 영영일이라고 읽습니다.

$$\dfrac{1}{1000}=0.001$$

- 분수 $\dfrac{625}{1000}$ 는 소수로 0.625라 쓰고, 영 점 육이오라고 읽습니다.

- 5.674는 오 점 육칠사라고 읽습니다.

| 일의 자리 | | 소수 첫째 자리 | 소수 둘째 자리 | 소수 셋째 자리 |
|---|---|---|---|---|
| 5 | . | | | |
| 0 | . | 6 | | |
| 0 | . | 0 | 7 | |
| 0 | . | 0 | 0 | 4 |

5.674에서 5는 일의 자리 숫자이고 5를 나타냅니다.

6은 소수 첫째 자리 숫자이고 0.6을 나타냅니다.

7은 소수 둘째 자리 숫자이고 0.07을 나타냅니다.

4는 소수 셋째 자리 숫자이고 0.004를 나타냅니다.

참고 $1\,\text{m}=\dfrac{1}{1000}\,\text{km}=0.001\,\text{km}$, $53\,\text{m}=\dfrac{53}{1000}\,\text{km}=0.053\,\text{km}$

---

### 확인문제

**1** 수직선에서 ㉠에 알맞은 소수를 써 보세요.

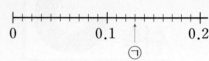

0        0.1        0.2
㉠

**2** □ 안에 알맞은 수를 써넣으세요.

0                    0.01

**3** 소수 0.157에 대한 설명입니다. □ 안에 알맞은 수나 말을 써넣으세요.

(1) 1은 [ ] 자리 숫자이고 [ ]을 나타냅니다.

(2) 5는 [ ] 자리 숫자이고 [ ]를 나타냅니다.

(3) 7은 [ ] 자리 숫자이고 [ ]을 나타냅니다.

**4** □ 안에 알맞은 수를 써넣으세요.

(1) 3의 $\dfrac{1}{10}$ 은 [ ]입니다.

(2) 0.4의 $\dfrac{1}{10}$ 은 [ ]입니다.

(3) 5는 0.5의 [ ]배입니다.

(4) 8은 0.08의 [ ]배입니다.

## 3 소수의 크기 비교하기

• 2와 2.0은 같은 수입니다. 소수는 필요한 경우 오른쪽 끝자리에 0을 붙여 나타낼 수 있습니다. 2.0은 이 점 영이라고 읽습니다.

$$2 = 2.0 \qquad 2.5 = 2.50$$

• 소수의 크기 비교하기

| 1보다 작은 소수끼리는 소수 첫째 자리부터 차례대로 비교합니다. | 0.2<u>4</u> < 0.2<u>5</u><br>└ 4<5 ┘ |
|---|---|
| 자연수 부분이 큰 쪽이 더 큰 소수입니다. | <u>1</u>.456 < <u>3</u>.209<br>└ 1<3 ┘ |
| 자연수 부분이 같을 때에는 소수 첫째 자리 숫자가 큰 쪽이 더 큰 소수입니다. | 1.<u>4</u>69 > 1.<u>3</u>92<br>└ 4>3 ┘ |
| 소수 첫째 자리까지 같을 때에는 소수 둘째 자리 숫자가 큰 쪽이 더 큰 소수입니다. | 6.3<u>7</u>5 < 6.3<u>8</u>4<br>└ 7<8 ┘ |
| 소수 둘째 자리까지 같을 때에는 소수 셋째 자리 숫자가 큰 쪽이 더 큰 소수입니다. | 3.57<u>8</u> > 3.57<u>6</u><br>└ 8>6 ┘ |

## 4 소수 사이의 관계 알아보기

• 소수 사이의 관계

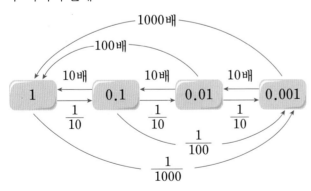

참고 소수의 10배는 소수점이 오른쪽으로 한 칸 이동하고, 소수의 $\frac{1}{10}$ 은 소수점이 왼쪽으로 한 칸 이동합니다.

• 1은 0.1의 10배, 0.01의 100배, 0.001의 1000배입니다.

• 1의 $\frac{1}{10}$ 은 0.1, $\frac{1}{100}$ 은 0.01, $\frac{1}{1000}$ 은 0.001입니다.

• 0.235의 10배는 2.35, 100배는 23.5, 1000배는 235입니다.

---

**확인문제**

**5** □ 안에 알맞은 숫자를 써넣으세요.

> 소수는 필요할 경우 오른쪽 끝자리에 □을 붙여 나타낼 수 있습니다.
> 5.0= □, 1.7=1.7 □

**6** ○ 안에 >, <를 알맞게 써넣으세요.

(1) 0.65 ○ 0.67

(2) 1.72 ○ 1.81

(3) 0.5 ○ 0.49

(4) 3.427 ○ 3.426

**7** □ 안에 알맞은 수를 써넣으세요.

(1) 0.009의 10배는 □ 입니다.

(2) 2.04의 100배는 □ 입니다.

(3) 5.36의 100배는 □ 입니다.

(4) 0.003의 1000배는 □ 입니다.

**8** □ 안에 알맞은 분수를 써넣으세요.

(1) 0.06은 0.6의 □ 입니다.

(2) 0.19는 19의 □ 입니다.

(3) 0.365는 365의 □ 입니다.

### 유형 1 소수 두 자리 수 알아보기

모눈종이의 전체 크기를 1이라고 할 때 색칠한 부분을 소수로 나타내 보세요.

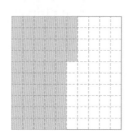

**1-1** 소수를 읽어 보세요.

(1) 0.35          (2) 0.76

(3) 1.47          (4) 6.81

**1-2** ☐ 안에 알맞은 소수를 써넣으세요

(1)
```
 +---+---+---+---+---+---+---+---+
0.2         0.3             0.4
```
☐        ☐

(2)
```
 +---+---+---+---+---+---+---+---+
2.1         2.2             2.3
```
☐        ☐

**1-3** ☐ 안에 알맞은 수를 써넣으세요.

(1) 0.27은 0.01이 ☐개인 수입니다.

(2) 0.63은 0.01이 ☐개인 수입니다.

(3) 0.01이 49개인 수는 ☐ 입니다.

(4) 0.01이 87개인 수는 ☐ 입니다.

### 유형 2 소수 두 자리 수의 자릿값 알아보기

☐ 안에 알맞은 수를 써넣으세요.

4.18에서 일의 자리 숫자는 ☐, 소수 첫째 자리 숫자는 ☐, 소수 둘째 자리 숫자는 ☐입니다.

**2-1** 소수를 보고 ☐ 안에 알맞은 수나 말을 써넣으세요.

8.26

(1) 8은 ☐ 의 자리 숫자이고 ☐을 나타냅니다.

(2) 2는 ☐ 자리 숫자이고 ☐를 나타냅니다.

(3) 6은 ☐ 자리 숫자이고 ☐을 나타냅니다.

**2-2** 소수에서 숫자 7은 얼마를 나타내나요?

(1) 53.97          (2) 14.72

**2-3** ☐ 안에 알맞은 수를 써넣으세요.

```
10이  3개 ─┐
 1이  5개  │
          ├─ 인 수는 ☐
0.1이  9개  │
0.01이 7개 ─┘
```

**유형 3** 소수 세 자리 수 알아보기

소수를 읽어 보세요.

(1) 0.006            (2) 0.025

(3) 2.431            (4) 3.608

**3단원**

**3-1** 관계있는 것끼리 선으로 이어 보세요.

| 0.508 | • | • | 영 점 영일구 |
| 1.327 | • | • | 영 점 오영팔 |
| 0.019 | • | • | 일 점 삼이칠 |

**3-2** ☐ 안에 알맞은 소수를 써넣으세요.

(1)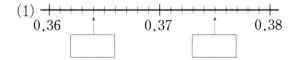

0.36        0.37        0.38

☐        ☐

(2)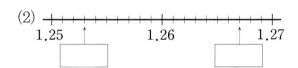

1.25        1.26        1.27

☐        ☐

**3-3** ☐ 안에 알맞은 수를 써넣으세요.

(1) 0.078은 0.001이 ☐ 개인 수입니다.

(2) 0.984는 0.001이 ☐ 개인 수입니다.

(3) 0.001이 65개인 수는 ☐ 입니다.

(4) 0.001이 247개인 수는 ☐ 입니다.

**유형 4** 소수 세 자리 수의 자릿값 알아보기

☐ 안에 알맞은 수를 써넣으세요.

0.429에서 소수 첫째 자리 숫자는 ☐, 소수 둘째 자리 숫자는 ☐, 소수 셋째 자리 숫자는 ☐ 입니다.

**4-1** 7.658에 대한 설명입니다. ☐ 안에 알맞은 수나 말을 써넣으세요.

(1) 7은 ☐ 의 자리 숫자이고 ☐ 을 나타냅니다.

(2) 6은 ☐ 자리 숫자이고 ☐ 을 나타냅니다.

(3) 5는 ☐ 자리 숫자이고 ☐ 를 나타냅니다.

(4) 8은 ☐ 자리 숫자이고 ☐ 을 나타냅니다.

**4-2** 소수 셋째 자리 숫자가 가장 큰 것을 찾아 기호를 써 보세요.

| ㉠ 3.931 | ㉡ 25.943 |
| ㉢ 0.168 | ㉣ 5.035 |

**4-3** ☐ 안에 알맞은 수를 써넣으세요.

1이 3개 ⎤
0.1이 8개 ⎥ 인 수는 ☐
0.01이 4개 ⎥
0.001이 2개 ⎦

유형 5 | 소수에서 필요할 경우 오른쪽 끝자리에 0을 붙여 나타내기

4.8과 같은 수를 찾아 기호를 써 보세요.

㉠ 4.08   ㉡ 4.80
㉢ 8.04   ㉣ 8.40

**5-1** □ 안에 알맞은 수를 써넣으세요.

(1) 6.80 = □   (2) 7.10 = □

(3) 1.5 = 1.5 □   (4) 2.7 = 2.7 □

**5-2** 관계있는 것끼리 선으로 이어 보세요.

3.60 •          • 6.90
5.40 •          • 8.10
8.1 •           • 3.6
6.9 •           • 5.4

**5-3** 다음 중 12.8과 같은 수는 어느 것인가요?

① 128        ② 1.28
③ 12.08      ④ 12.80
⑤ 10.28

유형 6 | 소수의 크기 비교하기

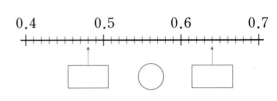

□ 안에 알맞은 수를 써넣고 ○ 안에 >, <를 알맞게 써넣으세요.

0.4    0.5    0.6    0.7

[ ] ↑   ○   [ ] ↑

**6-1** 수직선 위에 1.875와 1.886을 각각 화살표(↑)로 표시하고, ○ 안에 >, <를 알맞게 써넣으세요.

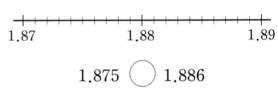

1.87        1.88        1.89

1.875 ○ 1.886

**6-2** 두 소수의 크기를 비교하여 ○ 안에 >, <를 알맞게 써넣으세요.

(1) 0.394 ○ 0.275

(2) 5.207 ○ 5.21

**6-3** 가장 큰 수부터 차례대로 기호를 써 보세요.

㉠ 2.17    ㉡ 1.79    ㉢ 2.203

**6-4** 0부터 9까지의 숫자 중 □ 안에 들어갈 수 있는 숫자를 모두 써 보세요.

3.4□9 > 3.466

**유형 7** 소수 사이의 관계

□ 안에 알맞은 수를 써넣으세요.

(1) 4의 $\frac{1}{10}$ 은 □ 이고

　　4의 $\frac{1}{100}$ 은 □ 입니다.

(2) 13.5의 $\frac{1}{\square}$ 은 1.35이고

　　13.5의 $\frac{1}{\square}$ 은 0.135입니다.

**7-1** □ 안에 알맞은 수를 써넣으세요.

(1) 0.07의 10배는 □ 이고

　　0.07의 100배는 □ 입니다.

(2) 6.298의 □ 배는 62.98이고

　　6.298의 □ 배는 629.8입니다.

**7-2** □ 안에 알맞은 수를 써넣으세요.

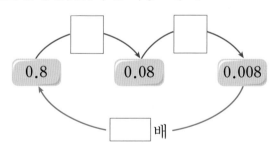

**7-3** ㉠이 나타내는 값은 ㉡이 나타내는 값의 몇 배인가요?

$$15.957$$
$$\uparrow \quad \uparrow$$
$$㉠ \quad ㉡$$

**7-4** □ 안에 알맞은 수를 써넣으세요.

(1) 8의 $\frac{1}{10}$ 은 0.8이고, $\frac{1}{100}$ 은 □ 입니다.

(2) 15.4의 $\frac{1}{10}$ 은 □ 이고, $\frac{1}{100}$ 은 □ 입니다.

**7-5** □ 안에 알맞은 수를 써넣으세요.

(1) 2.3은 0.023의 □ 배입니다.

(2) 40은 0.04의 □ 배입니다.

(3) 32.15는 3.215의 □ 배입니다.

**7-6** 나타내는 값이 다른 하나를 찾아 기호를 써 보세요.

㉠ 207.3의 $\frac{1}{100}$　　㉡ 20.73의 $\frac{1}{10}$

㉢ 0.2073의 10배　　㉣ 2.073의 100배

**7-7** 나타내는 값이 가장 큰 것을 찾아 기호를 써 보세요.

㉠ 17.5의 $\frac{1}{10}$　　㉡ 1.75의 100배

㉢ 17.5의 $\frac{1}{100}$　　㉣ 0.0175의 1000배

### 5 소수 한 자리 수의 덧셈

소수 한 자리 수의 덧셈은 소수점의 자리를 맞추어 자연수의 덧셈과 같은 방법으로 계산하고 소수점을 그대로 내려 찍습니다.

$0.8+0.3=$ $\boxed{1.1}$

$$\begin{array}{r} {}^{1}\\ 0.8 \\ +\,0.3 \\ \hline 1.1 \end{array}$$

0.8 → 0.1이 8개
+ 0.3 → 0.1이 3개
1.1 ← 0.1이 11개

### 6 소수 한 자리 수의 뺄셈

• 소수 한 자리 수의 뺄셈은 소수점의 자리를 맞추어 자연수의 뺄셈과 같은 방법으로 계산하고 소수점을 그대로 내려 찍습니다.

$0.9-0.3=$ $\boxed{0.6}$

0.9 → 0.1이 9개
− 0.3 → 0.1이 3개
0.6 ← 0.1이 6개

### 7 소수 두 자리 수의 덧셈

• 소수 두 자리 수의 덧셈은 소수점의 자리를 맞추어 자연수의 덧셈과 같은 방법으로 계산하고 소수점을 그대로 내려 찍습니다.

$0.55+0.27=$ $\boxed{0.82}$

0.55 → 0.01이 55개
+ 0.27 → 0.01이 27개
0.82 ← 0.01이 82개

• 1보다 큰 소수 두 자리 수의 덧셈은 소수점의 자리를 맞추어 자연수의 덧셈과 같은 방법으로 계산하고 소수점을 그대로 내려 찍습니다.

$1.25+2.46=$ $\boxed{3.71}$

1.25 → 0.01이 125개
+ 2.46 → 0.01이 246개
3.71 ← 0.01이 371개

---

#### 확인문제

**1** 0.2＋0.6은 얼마인지 알아보세요.

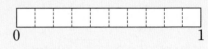

(1) 0.2만큼 색칠하고 이어서 0.6만큼 색칠해 보세요.

(2) 0.2＋0.6＝ ☐

**2** ☐ 안에 알맞은 수를 써넣으세요.

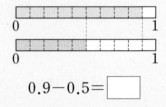

$0.9-0.5=$ ☐

**3** 가장 작은 사각형 1개의 크기를 0.01이라고 할 때 0.43＋0.26은 얼마인지 알아보세요.

(1) 0.43만큼 색칠하고 이어서 0.26만큼 색칠해 보세요.

(2) 0.43＋0.26＝ ☐

**4** 계산해 보세요.

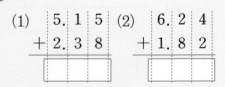

(1)
$$\begin{array}{r} 5.15 \\ +\,2.38 \\ \hline \end{array}$$

(2)
$$\begin{array}{r} 6.24 \\ +\,1.82 \\ \hline \end{array}$$

• 소수점 아래 자릿수가 다른 소수의 덧셈을 할 때에는 끝자리 뒤에 0이 있는 것으로 생각하여 자릿수를 맞추어 더합니다.

$$2.36+1.8=\boxed{4.16}$$

$$
\begin{array}{r}
\overset{1}{2}.\,3\,6 \quad \rightarrow 0.01\text{이 } 236\text{개} \\
+\ 1.\,8\,0 \quad \rightarrow 0.01\text{이 } 180\text{개} \\
\hline
4.\,1\,6 \quad \leftarrow 0.01\text{이 } 416\text{개}
\end{array}
$$

## 8 소수 두 자리 수의 뺄셈

• 소수 두 자리 수의 뺄셈은 소수점의 자리를 맞추어 자연수의 뺄셈과 같은 방법으로 계산하고 소수점을 그대로 내려 찍습니다.

$$0.51-0.23=\boxed{0.28}$$

$$
\begin{array}{r}
0.\,\overset{4\ 10}{\cancel{5}}\,1 \quad \rightarrow 0.01\text{이 } 51\text{개} \\
-\ 0.\,2\,3 \quad \rightarrow 0.01\text{이 } 23\text{개} \\
\hline
0.\,2\,8 \quad \leftarrow 0.01\text{이 } 28\text{개}
\end{array}
$$

• 1보다 큰 소수 두 자리 수의 뺄셈은 소수점의 자리를 맞추어 자연수의 뺄셈과 같은 방법으로 계산하고 소수점을 그대로 내려 찍습니다.

$$4.52-2.37=\boxed{2.15}$$

$$
\begin{array}{r}
4.\,\overset{4\ 10}{\cancel{5}}\,2 \quad \rightarrow 0.01\text{이 } 452\text{개} \\
-\ 2.\,3\,7 \quad \rightarrow 0.01\text{이 } 237\text{개} \\
\hline
2.\,1\,5 \quad \leftarrow 0.01\text{이 } 215\text{개}
\end{array}
$$

• 소수점 아래 자릿수가 다른 소수의 뺄셈을 할 때에는 끝자리 뒤에 0이 있는 것으로 생각하여 자릿수를 맞추어 뺍니다.

$$6.32-2.5=\boxed{3.82}$$

$$
\begin{array}{r}
6.\,\overset{5\ 10}{\cancel{3}}\,2 \quad \rightarrow 0.01\text{이 } 632\text{개} \\
-\ 2.\,5\,0 \quad \rightarrow 0.01\text{이 } 250\text{개} \\
\hline
3.\,8\,2 \quad \leftarrow 0.01\text{이 } 382\text{개}
\end{array}
$$

---

### 확인문제

**5** 계산해 보세요.

(1) $2.36+0.18$

(2) $3.92+5.38$

(3) $6.2+2.49$

(4) $1.46+4.9$

**3** 단원

**6** 가장 작은 사각형 1개의 크기를 0.01이라고 할 때 0.72−0.27은 얼마인지 알아보세요.

(1) 0.72만큼 색칠한 후 0.27만큼 ×표로 지워 보세요.

(2) $0.72-0.27=\boxed{\phantom{00}}$

**7** ☐ 안에 알맞은 수를 써넣으세요.

$$
\begin{array}{r}
2.97 \quad \rightarrow 0.01\text{이 } \boxed{\phantom{0}}\text{개} \\
-\quad 1.54 \quad \rightarrow 0.01\text{이 } \boxed{\phantom{0}}\text{개} \\
\hline
\boxed{\phantom{0}} \quad \leftarrow 0.01\text{이 } \boxed{\phantom{0}}\text{개}
\end{array}
$$

**8** 계산해 보세요.

(1) $0.73-0.28$

(2) $10.35-6.72$

(3) $9.24-3.5$

(4) $7.9-2.27$

**유형 8  소수 한 자리 수의 덧셈**

□ 안에 알맞은 수를 써넣으세요.

$$0.6 \rightarrow 0.1이 \boxed{\phantom{0}}개$$
$$+0.5 \rightarrow 0.1이 \boxed{\phantom{0}}개$$
$$\overline{\phantom{+0.5 \rightarrow} 0.1이 \boxed{\phantom{0}}개}$$

$$\Rightarrow \begin{array}{r} 0.6 \\ +\ 0.5 \\ \hline \boxed{\phantom{00}} \end{array}$$

**8-1** 수직선을 보고 □ 안에 알맞은 수를 써넣으세요.

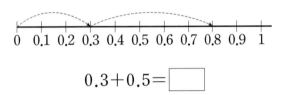

$$0.3+0.5=\boxed{\phantom{00}}$$

**8-2** 그림을 보고 □ 안에 알맞은 수를 써넣으세요.

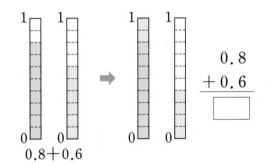

$$\begin{array}{r} 0.8 \\ +\ 0.6 \\ \hline \boxed{\phantom{00}} \end{array}$$

$$0.8+0.6$$

**8-3** 계산해 보세요.

(1) $0.3+0.1$    (2) $0.4+0.8$

(3) $\begin{array}{r} 3.2 \\ +\ 5.4 \\ \hline \end{array}$    (4) $\begin{array}{r} 2.7 \\ +\ 4.9 \\ \hline \end{array}$

**8-4** 무게가 0.3 kg인 바구니에 2.9 kg의 귤을 담았습니다. 귤이 담긴 바구니의 무게는 몇 kg인가요?

**유형 9  소수 한 자리 수의 뺄셈**

□ 안에 알맞은 수를 써넣으세요.

0.9는 0.1이 □개, 0.4는 0.1이 □개이므로 0.9−0.4는 0.1이 □개입니다.

$$\Rightarrow 0.9-0.4=\boxed{\phantom{00}}$$

**9-1** 빈 곳에 알맞은 수를 써넣으세요.

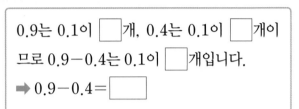

**9-2** 계산 결과가 가장 작은 것을 찾아 기호를 써 보세요.

ㄱ $0.6-0.1$    ㄴ $0.8-0.6$
ㄷ $0.7-0.4$    ㄹ $0.9-0.2$

**9-3** 다음에서 나타내는 수를 구해 보세요.

0.8보다 0.5 작은 수

**9-4** 가영이는 길이가 0.7 m인 색 테이프 중에서 0.5 m를 사용하였습니다. 남은 색 테이프는 몇 m인가요?

## 유형10 소수 두 자리 수의 덧셈

□ 안에 알맞은 수를 써넣으세요.

$$0.26 \rightarrow 0.01이 \boxed{\phantom{0}}개$$
$$+ 0.79 \rightarrow 0.01이 \boxed{\phantom{0}}개$$
$$\boxed{\phantom{0}} \leftarrow 0.01이 \boxed{\phantom{0}}개$$

**10-1** 두 수의 합을 구해 보세요.

$$0.42 \quad 0.79$$

**10-2** ㉠과 ㉡의 합을 구해 보세요.

㉠ 0.01이 52개인 수
㉡ 0.01이 36개인 수

**10-3** 빈칸에 알맞은 수를 써넣으세요.

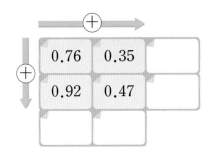

**10-4** 미술 시간에 철사를 지혜는 0.51 m, 석기는 0.34 m 사용하였습니다. 지혜와 석기가 사용한 철사는 모두 몇 m인가요?

## 유형11 1보다 큰 소수 두 자리 수의 덧셈

계산해 보세요.

(1) $1.51+2.93$    (2) $4.76+5.38$

**11-1** □ 안에 알맞은 수를 써넣으세요.

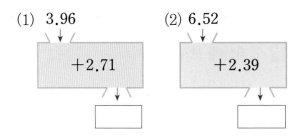

(1) 3.96 +2.71

(2) 6.52 +2.39

**11-2** 계산 결과를 비교하여 ○ 안에 >, =, <를 알맞게 써넣으세요.

$$\boxed{3.46+2.87} \quad \bigcirc \quad \boxed{4.65+1.36}$$

**11-3** 계산에서 잘못된 부분을 찾아 바르게 계산해 보세요.

$$\begin{array}{r} 5.87 \\ +2.19 \\ \hline 7.96 \end{array} \Rightarrow$$

**11-4** 1.58 L의 물이 들어 있는 물통에 1.27 L의 물을 더 부었습니다. 물통에 들어 있는 물은 모두 몇 L가 되는지 구해 보세요.

## 유형12  자릿수가 다른 소수의 덧셈

□ 안에 알맞은 수를 써넣으세요.

$$7.57 \rightarrow 0.01이 \boxed{\phantom{00}} 개$$
$$+\ 4.7 \ \rightarrow 0.01이 \boxed{\phantom{00}} 개$$
$$\boxed{\phantom{00}} \leftarrow 0.01이 \boxed{\phantom{00}} 개$$

**12-1** 계산해 보세요.

(1)
$$\begin{array}{r} 2.7 \\ +3.16 \\ \hline \end{array}$$

(2)
$$\begin{array}{r} 1.283 \\ +6.72 \\ \hline \end{array}$$

**12-2** 그림을 보고 □ 안에 알맞은 수를 써넣으세요.

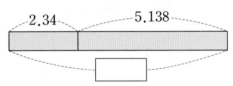

**12-3** 다음에서 나타내는 수를 구해 보세요.

1.772보다 5.39 큰 수

**12-4** 가장 큰 수와 가장 작은 수의 합을 구해 보세요.

4.67    1.284    3.705

**12-5** 과수원에서 포도를 웅이는 2.74 kg, 석기는 3.3 kg 땄습니다. 웅이와 석기가 딴 포도는 모두 몇 kg인가요?

## 유형13  소수 두 자리 수의 뺄셈

□ 안에 알맞은 수를 써넣으세요.

0.67은 0.01이 □ 개, 0.13은 0.01이 □ 개이므로 0.67−0.13은 0.01이 □ 개입니다. ➡ 0.67−0.13= □

**13-1** 계산해 보세요.

(1) 0.94−0.52    (2) 0.72−0.19

**13-2** 빈 곳에 두 수의 차를 써넣으세요.

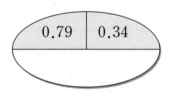

**13-3** 계산 결과를 비교하여 ○ 안에 >, =, <를 알맞게 써넣으세요.

0.98−0.56  ○  0.63−0.17

**13-4** □ 안에 알맞은 수를 써넣으세요.

0.29+ □ =0.51

**13-5** 냉장고에 주스가 0.59 L 있었는데 예슬이가 주스를 마신 후 0.46 L가 남았습니다. 예슬이가 마신 주스는 몇 L인가요?

## 유형14  1보다 큰 소수 두 자리 수의 뺄셈

두 수의 차를 구해 보세요.

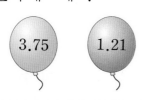

3.75    1.21

**14-1** ☐ 안에 알맞은 수를 써넣으세요.

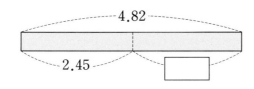

4.82
2.45

**14-2** 빈 곳에 알맞은 수를 써넣으세요.

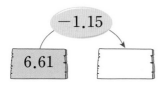

−1.15
6.61

**14-3** 계산 결과가 더 큰 것의 기호를 써 보세요.

㉠ 7.36−5.18    ㉡ 8.59−6.17

**14-4** 책이 들어 있는 상자의 무게가 12.18 kg이고 빈 상자의 무게는 1.21 kg입니다. 책의 무게는 몇 kg인가요?

## 유형15  자릿수가 다른 소수의 뺄셈

☐ 안에 알맞은 수를 써넣으세요.

6.15 →  −2.3  →

**15-1** 계산해 보세요.

(1) 3.4−2.34

(2) 5.56−3.2

(3)　16.4
　−15.79

(4)　　9
　−5.007

**15-2** ☐ 안에 알맞은 수를 써넣으세요.

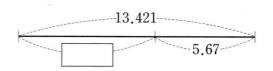

13.421
5.67

**15-3** ㉠은 ㉡보다 몇 m 더 긴지 구해 보세요.

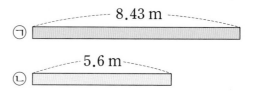

㉠ 8.43 m
㉡ 5.6 m

**15-4** 삼촌의 몸무게는 84.5 kg이고 영수의 몸무게는 37.64 kg입니다. 삼촌의 몸무게는 영수의 몸무게보다 몇 kg 더 무거운가요?

**1** ☐ 안에 알맞은 수나 말을 써넣으세요.

> 0.01이 356개인 수는 ☐ 이라 쓰고
>
> ☐ 이라고 읽습니다.

**2** 가영이네 집 창문의 세로 길이는 일 점 삼영 칠 미터입니다. 가영이네 집 창문의 세로 길이는 몇 m인지 소수로 나타내 보세요.

**3** ☐ 안에 알맞은 수를 써넣으세요.

(1)
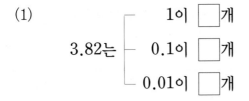

3.82는
- 1이 ☐ 개
- 0.1이 ☐ 개
- 0.01이 ☐ 개

(2)
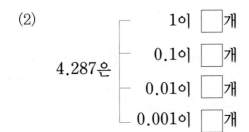

4.287은
- 1이 ☐ 개
- 0.1이 ☐ 개
- 0.01이 ☐ 개
- 0.001이 ☐ 개

**4** 숫자 4가 0.04를 나타내는 소수를 모두 찾아 써 보세요.

> 51.34    2.074    28.417
> 1.842    104.16

**5** 소수 2.36에 대한 설명입니다. ☐ 안에 알맞은 수나 말을 써넣으세요.

(1) 2는 ☐ 자리 숫자이고 ☐ 를 나타냅니다.

(2) 3은 ☐ 자리 숫자이고 ☐ 을 나타냅니다.

(3) 6은 ☐ 자리 숫자이고 ☐ 을 나타냅니다.

**6** ☐ 안에 알맞은 수를 써넣으세요.

(1) 0.01이 457개인 수는 ☐ 입니다.

(2) 1이 3개, 0.1이 6개, 0.01이 9개인 수는 ☐ 입니다.

(3) 10이 4개, 1이 5개, $\frac{1}{10}$이 6개, $\frac{1}{100}$이 7개인 수는 ☐ 입니다.

**7** ☐ 안에 알맞은 소수를 써넣으세요.

(1) 57 cm = ☐ m

(2) 2 m 45 cm = ☐ m

**8** ☐ 안에 알맞은 소수를 써넣으세요.

> ├──┼──┼──┼──┼──┼──┼──┼──┼──┤
> 3.2                              3.3
>                   ☐

**9** 크기가 다른 소수를 하나 찾아 기호를 써 보세요.

⊙ 0.7  ⓛ 0.07  ⓒ 0.70  ⓔ 0.700

**10** 빈칸에 알맞은 수를 써넣으세요.

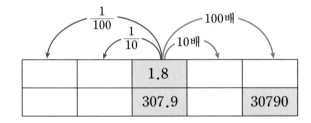

**11** 두 소수의 크기를 비교할 때 반드시 소수 셋째 자리 숫자까지 비교해야 하는 것은 어느 것인가요?

① 0.395, 0.363
② 14.885, 15.249
③ 162.489, 132.589
④ 14.397, 14.298
⑤ 5.946, 5.947

**12** 두 수의 크기를 비교하여 ○ 안에 >, <를 알맞게 써넣으세요.

(1) 0.31 ◯ 0.01이 29개인 수
(2) 0.001이 85개인 수 ◯ 0.72

**13** 다음 5장의 카드를 모두 사용하여 만들 수 있는 소수 세 자리 수 중 두 번째로 큰 수를 구해 보세요.

**14** 다음 수직선에서 ⊙과 ⓛ이 나타내는 수의 합을 구해 보세요.

**15** 계산해 보세요.

(1) 0.7＋0.7
(2) 2.5＋3.9
(3) 4.8＋2.2

**16** 관계있는 것끼리 선으로 이어 보세요.

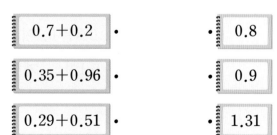

**17** 다음 중 계산 결과가 1보다 큰 것을 모두 고르세요.

① 0.2+0.9      ② 0.3+0.6

③ 0.5+0.5      ④ 0.4+0.1

⑤ 0.6+0.7

**18** ㉠과 ㉡의 합을 구해 보세요.

> ㉠ 0.1이 4개, 0.01이 3개인 수
> ㉡ 0.1이 3개, 0.01이 6개인 수

**19** 계산해 보세요.

(1) 3.68+1.29

(2) 4.3+5.88

(3) 2.72+3.6

**20** ☐ 안에 알맞은 수를 써넣으세요.

> 0.8은 0.1이 ☐개, 0.3은 0.1이 ☐개
> 이므로 0.8−0.3은 0.1이 ☐개입니다.
> ➡ 0.8−0.3=☐

**21** 계산 결과가 가장 큰 것을 찾아 기호를 써 보세요.

> ㉠ 1.5−0.7    ㉡ 2.9−1.8
> ㉢ 0.83−0.25   ㉣ 3.42−2.89

**22** 계산해 보세요.

(1) 25.4−18.8

(2) 11.46−5.62

(3) 6.92−3.7

(4) 8.4−2.75

**23** 빈 곳에 두 수의 차를 써넣으세요.

| 5.3 | 1.64 |
|---|---|
| | |

**24** 계산 결과를 비교하여 ○ 안에 >, <를 알맞게 써넣으세요.

9.25−4.4 ◯ 2.6+2.27

**25** 빈 곳에 알맞은 수를 써넣으세요.

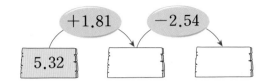

**26** 계산에서 잘못된 부분을 찾아 바르게 계산하고, 잘못된 이유를 설명해 보세요.

$$\begin{array}{r} 1.5\,1\,6 \\ +\quad 4.3\,2 \\ \hline 1.9\,4\,8 \end{array}$$ ➡

**27** 가영이네 집에서 학교를 거쳐 우체국까지 가는 거리는 몇 km인가요?

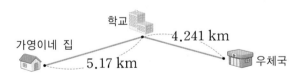

**28** 예슬이의 몸무게는 33.5 kg이고, 동생의 몸무게는 27.84 kg입니다. 예슬이와 동생이 함께 체중계에 올라가면 체중계의 바늘은 몇 kg을 가리키겠나요?

**29** 동민이네 마을에 있는 두 나무입니다. 사과나무와 소나무 중 어느 나무가 몇 m 더 큰지 구해 보세요.

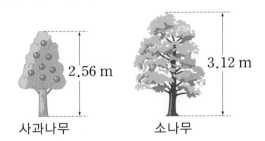

사과나무          소나무

**30** 다음 중 계산 결과가 가장 작은 것은 어느 것인가요?

① 0.31+0.47     ② 0.9+0.25

③ 0.62+0.8      ④ 0.55+0.318

⑤ 0.77+0.392

**31** 다음 수보다 0.72 큰 수를 구해 보세요.

> 1이 8개, 0.1이 0개, 0.01이 1개,
> 0.001이 5개인 수

**32** 두 색 테이프의 길이의 합은 몇 m인가요?

9.61 m

7.052 m

**33** 무게가 0.893 kg인 바구니에 한 개의 무게가 0.46 kg인 참외 2개를 담으면 참외가 담긴 바구니의 무게는 몇 kg인가요?

**34** 영수는 길이가 92 cm인 색 테이프를 가지고 있고 한별이는 길이가 0.87 m인 색 테이프를 가지고 있습니다. 두 사람이 가지고 있는 색 테이프의 길이는 모두 몇 m인가요?

**35** 수직선을 보고 ☐ 안에 알맞은 수를 써넣으세요.

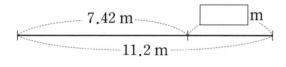

**36** 빈칸에 알맞은 수를 써넣으세요.

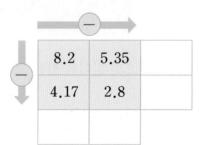

**37** 0.1이 5개, 0.01이 14개인 수와 0.1이 2개, 0.01이 69개인 수의 차를 구해 보세요.

**38** 다음 중 두 수의 차가 1보다 작은 것은 어느 것인가요?

① 5.31－2.69  ② 1.68－0.29

③ 3.05－1.97  ④ 9.11－8.53

⑤ 10.9－9.054

**39** 길이가 0.8 m인 끈이 있었습니다. 그중에서 몇 m를 사용하였더니 0.219 m가 남았습니다. 사용한 끈은 몇 m인가요?

**40** 감자가 13.62 kg, 고구마가 8.756 kg 있습니다. 감자와 고구마 중 어느 것이 몇 kg 더 많은가요?

**41** 5장의 카드를 모두 사용하여 세 번째로 작은 소수 세 자리 수를 만들고 그 수와 1.96의 차를 구해 보세요.

| 8 | 3 | 7 | 4 | . |
|---|---|---|---|---|

**42** 다음을 소수로 나타내 보세요.

0.1이 52개, 0.01이 15개,
0.001이 46개인 수

**43** 20.94의 $\frac{1}{10}$인 수에서 소수 셋째 자리 숫자는 무엇인가요?

**44** ☐ 안에 알맞은 수를 써넣으세요.

☐의 $\frac{1}{100}$인 수는 4.927입니다.

**3 단원**

**45** 크기를 비교하여 ○ 안에 ＞, ＜를 알맞게 써넣으세요.

28.37의 $\frac{1}{10}$인 수 ◯ 2.808의 10배인 수

**46** 다음 소수 중에서 4.5와 4.8 사이에 있는 수를 모두 써 보세요.

4.613   3.99   4.85   4.27   4.503

**47** 0부터 9까지의 숫자 중에서 ☐ 안에 들어갈 수 있는 숫자를 모두 써 보세요.

61.8☐4 ＜ 61.832

**48** 계산 결과가 가장 큰 것부터 차례대로 기호를 써 보세요.

㉠ 23.61−10.5   ㉡ 11.36+2.807
㉢ 9.24+4.9   ㉣ 13.5−1.287

**49** 삼각형의 세 변의 길이의 합이 17.958 m입니다. □ 안에 알맞은 수를 써넣으세요.

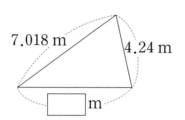

7.018 m  4.24 m

□ m

**50** 빈 곳에 알맞은 수를 써넣으세요.

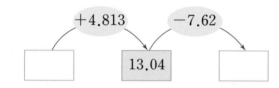

+4.813   −7.62

□   13.04   □

**51** 어떤 수에서 0.41을 빼야 할 것을 잘못하여 더했더니 1.58이 되었습니다. 바르게 계산하면 얼마인가요?

**52** ㉠과 ㉡의 차를 구해 보세요.

㉠ 4.68+0.87−0.29
㉡ 3.7+1.6−0.554

**53** 길이가 1.93 m인 색 테이프 2장을 0.2 m가 겹쳐지게 이어 붙였습니다. 이어 붙인 색 테이프의 전체 길이는 몇 m인가요?

**54** 어떤 수보다 1.37 작은 수는 4.234입니다. 어떤 수보다 2.19 큰 수는 얼마인가요?

**55** 한별이의 키는 1.31 m이고, 동생의 키는 한별이의 키보다 12 cm 더 작습니다. 동생의 키는 몇 m인가요?

**56** □ 안에 알맞은 수를 써넣으세요.

(1) 1.39+□=7.69

(2) 6.52−□=3.038

(3) 4.28+□=9.243

(4) □−5.47=7.256

**57** 그림과 같이 길이가 각각 5.84 m인 끈 2개를 매듭을 지어 묶었습니다. 묶은 끈의 전체 길이가 10.69 m일 때 매듭의 길이는 몇 m인가요?

**58** 어느 음식점에서 오곡밥을 지었습니다. 이 오곡밥을 짓는 데 검은 콩 9.73 kg 중에서 오전에 2.18 kg, 오후에 3.659 kg을 사용했습니다. 남아 있는 검은 콩은 몇 kg인가요?

**59** 물병에 물이 0.98 L 들어 있었습니다. 이 중에서 0.84 L를 마시고 다시 0.21 L만큼 더 채워 놓았습니다. 물병에 남아 있는 물은 몇 L인가요?

**60** 도서관에서 서점까지의 거리는 몇 km인가요?

0.98 km  1.31 km
집  도서관 서점  학교
2.09 km

**61** 다음 5장의 카드를 사용하여 소수를 만들려고 합니다. 물음에 답하세요. [61~62]

. 1 4 2 7

카드를 모두 사용하여 소수 두 자리 수를 만들려고 합니다. 만들 수 있는 가장 큰 수와 가장 작은 수의 합을 구해 보세요.

**62** 카드를 모두 사용하여 소수 두 자리 수를 만들려고 합니다. 만들 수 있는 가장 작은 수와 두 번째로 작은 수의 차를 구해 보세요.

**63** □ 안에 알맞은 숫자를 써넣으세요.

(1)
　□.□9 6
＋　0.7□
　6.96□

(2)
　8.4□
－5.□4 2
　□.808

**64** 1부터 9까지의 숫자 중에서 □ 안에 들어갈 수 있는 숫자는 모두 몇 개인가요?

$10.435-2.91<7.\square13$

**1** ☐ 안에 알맞은 숫자를 써넣으세요.

$$\left.\begin{array}{r} 1\text{이 } 38\text{개} \\ 0.1\text{이 } 6\text{개} \\ 0.01\text{이 } 19\text{개} \\ 0.001\text{이 } 9\text{개} \end{array}\right\}\text{이면 } \boxed{\phantom{000}}$$

어떤 소수의 $\frac{1}{10}$ 은 소수점을 왼쪽으로 1칸, 100배는 소수점을 오른쪽으로 2칸 이동합니다.

**2** ●와 ▲에 알맞은 수를 각각 구해 보세요.

> ●의 $\frac{1}{10}$ 은 0.543이고, ●의 100배는 ▲입니다.

**3** 웅이는 철사를 사용하여 한 변의 길이가 0.31 m인 정사각형을 만들었습니다. 정사각형을 만들고 남은 철사의 길이가 0.19 m였다면 웅이가 처음에 가지고 있었던 철사의 길이는 몇 m인가요?

**4** ☐ 안에는 0에서 9까지의 숫자가 들어갈 수 있습니다. 세 수의 크기를 비교하여 가장 작은 수부터 차례대로 기호를 써 보세요.

> ㉠ 9☐.498   ㉡ 99.5☐☐   ㉢ ☐0.4☐7

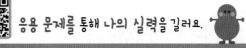 

**5** 석기의 몸무게는 상연이의 몸무게보다 1.32 kg 더 무겁고 영수의 몸무게는 석기의 몸무게보다 3.47 kg 더 가볍습니다. 상연이의 몸무게가 33.25 kg일 때 영수의 몸무게는 몇 kg인가요?

정사각형을 만드는 데 사용한 끈의 길이를 먼저 구해 봅니다.

**6** 한별이는 4 m짜리 끈을 사용하여 한 변이 0.72 m인 정사각형을 만들었습니다. 정사각형을 만들고 남은 끈의 길이는 몇 m인가요?

오렌지 100개의 무게를 먼저 구해 봅니다.

**7** 오렌지 한 개의 무게는 0.558 kg이고 상자만의 무게는 0.65 kg입니다. 상자에 무게가 같은 오렌지 100개를 담아 무게를 재면 모두 몇 kg이 되나요?

**8** 색 테이프 3장을 겹쳐진 부분의 길이가 같도록 길게 이어 붙였습니다. 겹쳐진 부분의 길이는 모두 몇 m인가요?

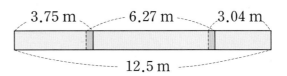

3.75 m     6.27 m     3.04 m

12.5 m

직사각형의 가로와 세로의 합은 네 변의 길이의 합의 반입니다.

**9** 네 변의 길이의 합이 22 cm인 직사각형이 있습니다. 가로가 4.5 cm이면 세로의 길이는 몇 cm인가요?

조건을 만족하는 수는
□.□□□ 모양입니다.

**10** 다음 조건을 만족하는 수를 써 보세요.

> • 6.02보다 작은 소수 세 자리 수입니다.
> • 일의 자리 숫자는 소수 첫째 자리 숫자보다 6 큰 수입니다.
> • 소수 둘째 자리 숫자와 소수 셋째 자리 숫자의 합은 10입니다.

**11** 1이 4개, 0.001이 3개인 수보다 크고, 0.1이 40개, 0.01이 1개인 수보다 작은 소수 세 자리 수는 모두 몇 개인가요?

수직선에서 작은 눈금 한 칸은 얼마를 나타내는지 먼저 알아봅니다.

**12** 수직선에서 ㉠과 ㉡이 나타내는 수의 합을 구해 보세요.

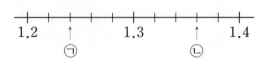

**13** 다음과 같이 ●와 ★을 약속한다고 합니다. 이때 (7.28 ● 1.76)★3.47의 값을 구해 보세요.

$$㉠ ● ㉡ = ㉠ - ㉡$$
$$㉢ ★ ㉣ = (㉢ + ㉢) - ㉣$$

**14** 0.62의 2배와 어떤 수의 합은 3에서 1.482를 뺀 수와 같다고 합니다. 어떤 수를 구해 보세요.

**15** 일의 자리 숫자가 5, 소수 둘째 자리 숫자가 3인 소수 두 자리 수 중에서 6보다 작은 수는 모두 몇 개인가요?

700MB를 넘지 않으면서 700 MB에 최대한 가깝도록 저장하는 방법을 찾습니다.

**16** 용량이 700MB인 CD에 다음 파일들을 저장하려고 합니다. 최대한 많은 용량을 저장했을 때 저장하고 남은 CD의 용량은 몇 MB인가요?.

| 파일 이름 | 용량(MB) | 파일 이름 | 용량(MB) |
|---|---|---|---|
| 사진 모음 | 49.38 | 만화 영화 | 505.9 |
| 율동 동영상 | 145.25 | 악보 모음 | 5.64 |

**01**

소수 한 자리 수와 소수 두 자리 수를 만들 수 있습니다.

주어진 4장의 카드를 모두 사용하여 만들 수 있는 소수는 몇 개인가요?

| 2 | 6 | 9 | . |

**02**

한 변의 길이가 0.75 km인 정사각형 모양의 밭이 있습니다. 이 밭의 가로는 0.256 km 늘이고 세로는 0.384 km 줄여서 직사각형 모양의 밭을 새로 만들었습니다. 새로 만든 밭의 가로 한 변과 세로 한 변의 길이의 합은 몇 km인가요?

**03**

주어진 6장의 숫자 카드를 모두 사용하여 다음과 같은 뺄셈식을 만들려고 합니다. ☐ 안에 알맞은 숫자를 찾아 써넣으세요.

| 2 | 3 | 5 |
| 7 | 8 | 9 |

$$\begin{array}{r} \square . \square\square \\ - \ \square . \square\square \\ \hline 1 . 5 \ 2 \end{array}$$

**04**

각 자리의 숫자를 높은 자리부터 차례대로 비교하여 크기에 맞는 숫자를 찾습니다.

네 수를 가장 작은 수부터 차례대로 쓴 것입니다. ☐ 안에 알맞은 숫자를 써넣으세요.

| 158.1☐8 | 158.10☐ | 15☐.081 | 159.0☐ |

**05** 0.1이 31개, 0.001이 2015개인 수와 0.1이 2개, 0.01이 136개, 0.001이 1072개 인 수의 차를 구해 보세요.

**06** 트럭, 오토바이, 버스, 택시가 동시에 출발하여 달리고 있습니다. 출발 후 10분이 되 었을 때 트럭은 오토바이보다 2.09 km 더 앞서고 있고, 버스보다는 3.81 km 더 많 이 갔습니다. 택시는 오토바이보다 4.96 km 더 앞서 달리고 있다면 택시와 버스가 간 거리의 차는 몇 km인가요?

**07** 한 시간에 웅이는 4.2 km, 솔별이는 3.96 km씩 일정한 빠르기로 걷는다고 합니다. 두 사람이 같은 곳에서 동시에 출발하여 일직선 위를 같은 방향으로 3시간 동안 걸 었을 때 두 사람 사이의 거리는 몇 km인가요?

**08** 일의 자리 숫자가 2, 소수 셋째 자리 숫자가 7인 소수 세 자리 수 중에서 2.5보다 큰 수는 모두 몇 개인가요?

**09**

조건을 만족하는 소수 세 자리 수를 ㉠.㉡㉢㉣이라고 할 때, ㉠+㉡+㉢+㉣의 값은 얼마인가요?

> **조건**
> • 3보다 크고 4보다 작은 수입니다.
> • 소수를 $\frac{1}{100}$ 배 하면 소수 셋째 자리 숫자는 6입니다.
> • 소수를 10배 하면 소수 둘째 자리 숫자는 7입니다.
> • 일의 자리 숫자와 소수 둘째 자리 숫자의 합은 8입니다.

**10**

다음 그림에서 가로 방향의 세 수의 합은 세로 방향의 세 수의 합과 같습니다. **나**와 **다**의 차는 얼마인지 구해 보세요.

|  |  | 7.2 |  |
|---|---|---|---|
| 5.82 | 가 | 나 |  |
|  |  | 다 |  |

**11**

다음을 읽고 어떤 수를 나타내는지 구해 보세요.

> • 4개의 숫자로 이루어진 소수 세 자리 수입니다.
> • 일의 자리 숫자가 7입니다.
> • 소수 셋째 자리 숫자는 소수 첫째 자리 숫자보다 5만큼 더 큽니다.
> • 소수 첫째 자리와 소수 둘째 자리 숫자의 곱은 0이고 합은 6입니다.

**12** 오른쪽 식에서 두 자리 수 ♥▲는 얼마인지 구해 보세요.
(단, 같은 모양은 같은 숫자입니다.)

**13** 세 소수 ㉠, ㉡, ㉢이 있습니다. 다음을 만족할 때 ㉠, ㉡, ㉢ 중에서 가장 큰 수는 어느 것인가요?

$$㉠+㉡=3.2 \qquad ㉡+㉢=2.65 \qquad ㉠+㉢=4.15$$

**14** 보기와 같은 규칙으로 계산하려고 합니다. ★에 알맞은 수를 구해 보세요.

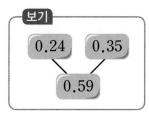

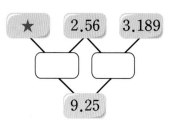

**15** 어떤 세 자리 수의 $\frac{1}{10}$인 수와 $\frac{1}{100}$인 수의 합이 13.53입니다. 어떤 세 자리 수는 얼마인가요?

**1** 수직선에서 화살표로 표시한 곳을 소수로 나타내고 읽어 보세요.

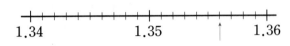

**2** 소수 둘째 자리 숫자가 가장 큰 것은 어느 것인가요?

① 0.637                ② 28.24

③ 5.382                ④ 3.109

⑤ 102.41

**3** □ 안에 알맞은 수를 써넣으세요.

(1) 24.8의 $\frac{1}{100}$ 은 □ 이고,

10배는 □ 입니다.

(2) 0.47은 0.047의 □ 배이고,

47의 $\frac{1}{□}$ 입니다.

**4** 가장 큰 수부터 차례대로 기호를 써 보세요.

㉠ 5.09        ㉡ 5.11

㉢ 5.202       ㉣ 5.198

**5** 두 소수의 크기를 비교하여 ○ 안에 >, < 를 알맞게 써넣으세요.

(1) 0.38 ◯ 0.92

(2) 4.079 ◯ 4.047

(3) 0.854 ◯ 0.9

(4) 13.601 ◯ 13.061

**6** 소수의 세 자리 수입니다. ㉠이 나타내는 값은 ㉡이 나타내는 값의 몇 배인가요?

3 2 . 6 2 5
      ↑   ↑
      ㉠   ㉡

**7** 다음 중 계산 결과가 가장 작은 것은 어느 것인가요?

① 0.4＋0.5　　② 0.7－0.3

③ 0.2＋0.1　　④ 1.4－0.8

⑤ 0.6＋0.3

**8** 빈 곳에 알맞은 수를 써넣으세요.

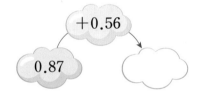

**9** ㉠과 ㉡의 차를 구해 보세요.

㉠ 4.53＋5.62　　㉡ 9.52－4.85

**10** □ 안에 알맞은 수를 써넣으세요.

(1) 0.83－□＝0.45

(2) □＋0.37＝0.64

**11** 가장 큰 수와 가장 작은 수의 합을 구해 보세요.

5.761　4.39　4.428　5.08

**12** 빈 곳에 알맞은 수를 써넣으세요.

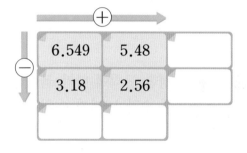

**13** 빈 곳에 알맞은 수를 써넣으세요.

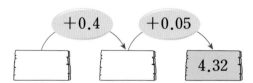

**14** 자동차에 휘발유가 10 L 있었는데 오전에 3.47 L를, 오후에 4.16 L를 사용하였습니다. 자동차에 남아 있는 휘발유는 몇 L인가요?

**15** ㉢에 알맞은 수를 구해 보세요.

> • ㉠은 45.9의 $\frac{1}{10}$인 수입니다.
> • ㉡은 ㉠보다 6.8 큰 수입니다.
> • ㉢은 ㉡보다 1.2 작은 수입니다.

**16** 수를 일정한 규칙에 따라 늘어놓은 것입니다. 6번째 수와 10번째 수의 차를 구해 보세요.

> 4.26, 4.4, 4.54, 4.68, …

**17** 0부터 9까지의 숫자 중에서 ☐ 안에 들어갈 수 있는 숫자를 모두 구해 보세요.

> $7.21-4.98>2.\boxed{\phantom{0}}1$

**18** 1이 5개, 0.001이 96개인 수보다 큰 수 중에서 5.1보다 작은 소수 세 자리 수는 몇 개인지 설명해 보세요.

**19** 어떤 수에서 1.51을 빼야 할 것을 잘못하여 더했더니 3.787이 되었습니다. 바르게 계산하면 얼마인지 설명해 보세요.

**20** 예슬이는 가지고 있던 철사를 사용하여 한 변이 0.214 m인 정사각형을 만들었습니다. 사용하고 남은 철사의 길이가 0.48 m라면 예슬이가 처음에 가지고 있던 철사의 길이는 몇 m인지 설명해 보세요.

단원 **4** 사각형

이번에 배울 내용

1 수직을 알고 수선 그어 보기

2 평행을 알고 평행선 그어 보기

3 평행선 사이의 거리 알아보기

4 사다리꼴 알아보기

5 평행사변형 알아보기

6 마름모 알아보기

7 여러 가지 사각형 알아보기

## 1 수직을 알고 수선 그어 보기

- 두 직선이 만나서 이루는 각이 직 각일 때, 두 직선은 서로 **수직**이라 고 합니다.
- 두 직선이 서로 수직으로 만나면 한 직선을 다른 직선에 대한 **수선** 이라고 합니다.

직선 나에 대한 수선

직선 가에 대한 수선

- 모눈종이를 사용하여 수선 긋기

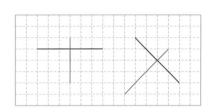

- 직각 삼각자를 사용하여 수선 긋기

**주의** 반드시 직각 삼각자의 직각 부분을 대고 그려야 합니다.

(×)  (○)

- 각도기를 사용하여 수선 긋기

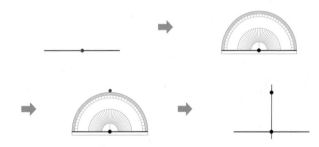

**보충** 한 직선에 대한 수선은 셀 수 없이 많이 그을 수 있습니다.

## 2 평행 알아보기

한 직선에 수직인 두 직선을 그었을 때, 그 두 직선은 서로 만나지 않습니다. 이와 같이 서로 만나지 않는 두 직선을 **평행**하다고 합니다. 이 때 평행한 두 직선을 **평행선**이라고 합니다.

평행선

**참고** 한 직선과 이루는 각의 크기가 같은 두 직선은 서로 평행합니다.

60° 60°

---

### 확인문제

**1** ☐ 안에 알맞은 말을 써넣으세요.

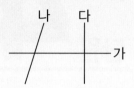
나   다

가

(1) 직선 **가**에 ☐ 인 직선은 직선 **다** 입니다.

(2) 직선 **다**는 직선 **가**에 대한 ☐ 입 니다.

**2** 수선을 바르게 그은 것에 ○표 하세요.

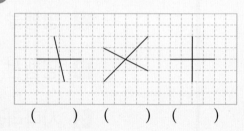

( )  ( )  ( )

**3** 점 ㅇ을 지나고 직선 가에 수직인 직선을 그리려고 합니다. 점 ㅇ과 어느 점을 이어 야 하는지 기호를 써 보세요.

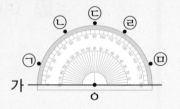

가

ㅇ

**4** ☐ 안에 알맞은 말을 써넣으세요.

한 직선에 수직인 두 직선은 서로 ☐ 합니다.

## 3 평행선 긋기

- 직각 삼각자를 사용하여 평행선 긋기
  ① 주어진 직선에 직각 삼각자를 대고 직선을 긋습니다.
  ② 그은 직선에 직각 삼각자를 대고 평행선을 긋습니다.

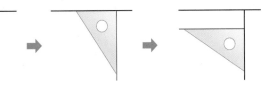

- 직각 삼각자를 사용하여 한 점을 지나는 평행선 긋기
  ① 주어진 직선에 직각 삼각자를 대고 점 ㅇ을 지나는 수선
  을 긋습니다.
  ② 점 ㅇ을 지나는 곳에 직각 삼각자를 대고 직선을 긋습니다.

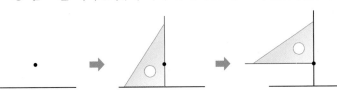

## 4 평행선 사이의 거리 알아보기

평행선의 한 직선에서 다른 직선
에 수선을 긋습니다. 이때 이 수
선의 길이를 평행선 사이의 거리
라고 합니다.

평행선 사이의
거리

보충

- 직선과 직선이 만날 때 생기는 마주 보는 각의 크기는 같
  습니다.

- 평행선과 한 직선이 만날 때 생기는 같은 쪽의 각의 크기는 같
  습니다.

- 평행선과 한 직선이 만날 때 생기는 반대 쪽의 각의 크기는 같
  습니다.

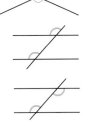

### 확인문제

**5** 직각 삼각자를 사용하여 평행선을 긋는 방법으로 <u>잘못된</u> 것의 기호를 찾아 써 보세요.

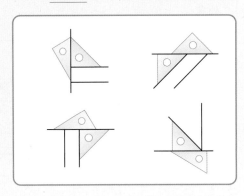

**6** 직선 가와 나는 서로 평행합니다. 평행선 사이의 거리를 바르게 나타낸 선분은 어느 것인가요?

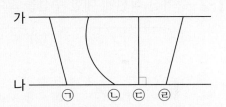

**7** 평행선 사이의 거리가 가장 긴 것을 찾아 기호를 써 보세요.

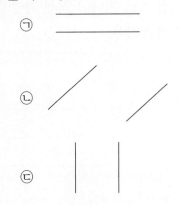

## 유형 1  수직 알아보기, 수선 긋기

두 직선이 서로 수직인 것을 찾아 기호를 써 보세요.

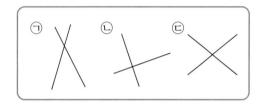

**1-1** 오른쪽 도형에서 변 ㄴㄷ에 대한 수선을 모두 찾아 써 보세요.

**1-2** 주어진 직선에 대한 수선을 그어 보세요.

(1) 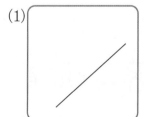  (2)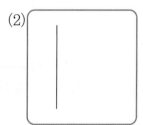

**1-3** 점 ㄱ을 지나고 직선 **가**에 수직인 직선을 그어 보세요.

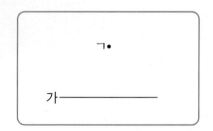

**1-4** 서로 수직으로 만나는 두 직선을 찾아 써 보세요.

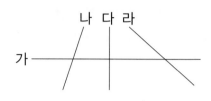

**1-5** 직선 **가**에 대한 수선을 찾아 써 보세요.

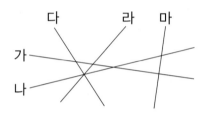

**1-6** 그림에서 선분 ㄴㅇ에 대한 수선을 찾아 써 보세요.

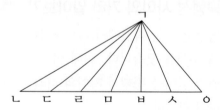

**1-7** 도형 중에서 수직으로 만나는 변이 <u>없는</u> 도형은 어느 것인가요?

①   ②   ③

④   ⑤

4
단원

**유형 2** 평행선 알아보기, 평행선 긋기

서로 평행한 직선을 모두 찾아 써 보세요.

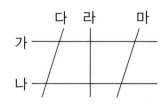

**2-1** 도형에서 서로 평행한 변은 모두 몇 쌍인가요?

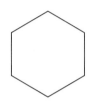

**2-2** 점 종이에 주어진 선분과 평행한 선분을 그어 보세요.

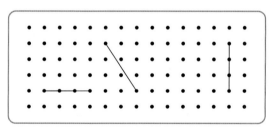

**2-3** 주어진 두 선분을 사용하여 평행선이 한 쌍인 사각형을 그려 보세요.

**2-4** 도형에서 변 ㄱㄹ과 평행한 변은 어느 것인가요?

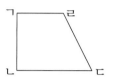

**2-5** 점 ㄷ을 지나고 직선 **가**와 평행한 직선을 그어 보세요.

**2-6** 다음 중 옳지 <u>않은</u> 것을 찾아 기호를 써 보세요.

> ㉠ 직사각형은 서로 평행한 변이 2쌍 있습니다.
> ㉡ 삼각형은 서로 평행한 변이 없습니다.
> ㉢ 사각형은 서로 평행한 변이 반드시 있습니다.

**2-7** 그림에서 서로 평행한 직선을 모두 찾아 써 보세요.

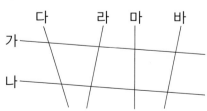

**2-8** 직선 가와 평행한 직선을 3개 그어 보세요.

**2-9** 도형 중 수선과 평행선이 모두 있는 도형은 어느 것인가요?

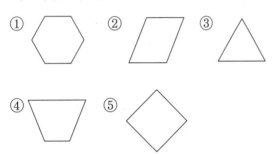

**2-10** 도형에서 서로 평행한 변을 모두 찾아 써 보세요.

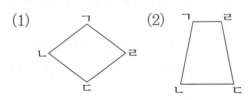

**2-11** 도형에서 선분 ㄱㄴ과 평행한 선분은 모두 몇 개인가요?

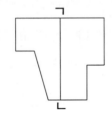

**유형 3** **평행선 사이의 거리 알아보기**

평행선 사이의 거리를 바르게 나타낸 선분은 어느 것인가요?

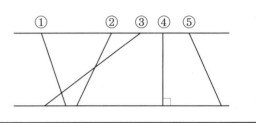

**3-1** 도형에서 평행선 사이의 거리는 몇 cm인가요?

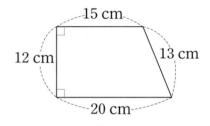

**3-2** 평행선 사이의 거리를 재어 보세요.

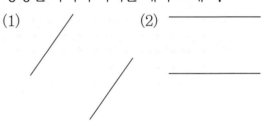

**3-3** 평행선 사이의 거리가 4 cm가 되도록 주어진 직선과 평행한 직선을 그어 보세요.

**3-4** 평행한 두 직선 **가**와 **나**에 그은 선분 중에서 길이가 가장 짧은 선분을 찾아 써 보세요.

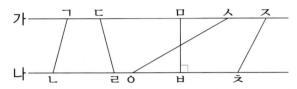

**3-5** 위 **3-4**에서 찾은 선분을 무엇이라고 하나요?

**3-6** 도형에서 평행선 사이의 거리를 나타내는 선분을 찾아 써 보세요.

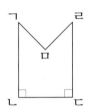

**3-7** 도형에서 변 ㄱㅅ과 변 ㄹㅁ이 서로 평행할 때, 변 ㄱㅅ과 변 ㄹㅁ 사이의 거리는 몇 cm인가요?

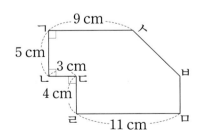

**3-8** 직선 **가**, **나**, **다**는 서로 평행합니다. 물음에 답하세요.

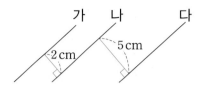

(1) 직선 **가**와 **다** 사이의 거리는 몇 cm인가요?

(2) 평행선 사이의 거리를 모두 찾아 써 보세요.

**3-9** 평행한 두 선분 ㄱㅋ과 ㄴㅌ에 대하여 평행선 사이의 거리를 나타내는 선분을 모두 찾아 써 보세요.

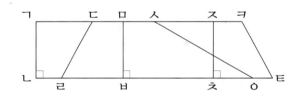

**3-10** 평행선 사이의 거리가 3 cm입니다. 이 평행선 사이의 한 가운데를 지나는 평행한 직선을 그어 보세요.

## 5 사다리꼴 알아보기

- 평행한 변이 한 쌍이라도 있는 사각형을 사다리꼴이라고 합니다.

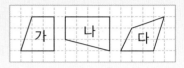

- 여러 가지 사다리꼴

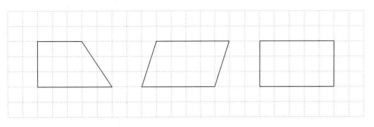

평행한 변이 한 쌍이라도 있는 사각형은 사다리꼴이라고 할 수 있습니다.

## 6 평행사변형 알아보기

┌─ 평행사변형은 사다리꼴이라고 할 수 있습니다.
- 마주 보는 두 쌍의 변이 서로 평행한 사각형을 평행사변형이라고 합니다.

- 평행사변형의 성질
  ① 마주 보는 두 변의 길이가 같습니다.
  ② 마주 보는 두 각의 크기가 같습니다.
  ③ 이웃한 두 각의 크기의 합이 180°입니다.

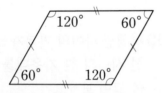

- 평행사변형은 사다리꼴이라고 할 수 있습니다.

---

**확인문제**

**1** 사각형을 보고 물음에 답하세요.

| 가 | 나 | 다 |

(1) 평행한 변이 한 쌍이라도 있는 사각형을 모두 찾아 기호를 써 보세요.

(2) 위와 같은 사각형을 무엇이라고 하나요?

**2** 어떤 사각형에 대한 설명입니다. 알맞은 것에 ○ 표 하세요.

- 마주 보는 두 쌍의 변이 서로 평행합니다.
- 마주 보는 변의 길이가 같습니다.
- 마주 보는 각의 크기가 같습니다.

( 사다리꼴, 평행사변형 )

**3** 평행사변형을 보고 ☐ 안에 알맞은 수를 써넣으세요.

(1)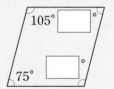

(2)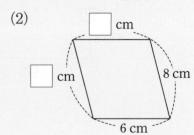

## 7 마름모 알아보기

- 네 변의 길이가 모두 같은 사각형을 **마름모**라고 합니다.

- 마름모의 성질 ⌐ 마름모는 평행사변형이라고 할 수 있습니다.

  ① 마주 보는 두 쌍의 변이 서로 평행합니다.

  ② 마주 보는 각의 크기가 같습니다.

  ③ 이웃하지 않은 두 꼭짓점을 이은 선분끼리는 서로 수직으로 만나고 이등분합니다.

  → ○+△+○+△=360° → ○+△=180°이므로 마름모의 이웃하는 두 각의 크기의 합은 180°입니다.

## 8 여러 가지 사각형 알아보기

- 직사각형의 성질

  ① 네 각이 모두 직각입니다.

  ② 마주 보는 변의 길이가 서로 같습니다.
  ⌐ 직사각형은 평행사변형이라고 할 수 있습니다.
  ③ 마주 보는 두 쌍의 변이 서로 평행합니다.

- 정사각형의 성질 ⌐ 정사각형은 직사각형이라고 할 수 있습니다.

  ① 네 각이 모두 직각입니다.
  ┌ 정사각형은 마름모라고 할 수 있습니다.
  ② 네 변의 길이가 모두 같습니다.

  ③ 마주 보는 두 쌍의 변이 서로 평행합니다.
  └ 정사각형은 평행사변형이라고 할 수 있습니다.

- 여러 가지 사각형의 포함 관계

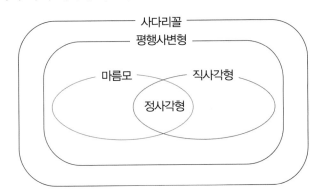

---

**4** 사각형을 보고 물음에 답하세요.

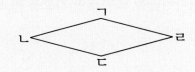

(1) 네 변의 길이를 자로 재어 보세요.

| 변 ㄱㄴ | 변 ㄴㄷ | 변 ㄷㄹ | 변 ㄹㄱ |
|--------|--------|--------|--------|
|        |        |        |        |

(2) 네 변의 길이는 모두 같은가요?

(3) 위와 같은 사각형을 무엇이라고 하나요?

**5** 마름모를 보고 물음에 답하세요.

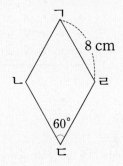

8 cm

60°

(1) 변 ㄴㄷ의 길이는 몇 cm인가요?

(2) 각 ㄱㄴㄷ의 크기는 몇 도인가요?

(3) 변 ㄱㄴ과 평행한 변은 어느 것인가요?

**6** 직사각형에 대한 설명입니다. 옳으면 ○표, 틀리면 ×표 하세요.

(1) 네 각의 크기가 모두 같습니다.
(                )

(2) 네 변의 길이가 모두 같습니다.
(                )

유형 **4** 사다리꼴 알아보기

사다리꼴을 모두 찾아 기호를 써 보세요.

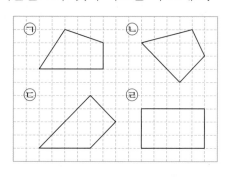

**4-1** 점 종이에 그린 사각형의 한 꼭짓점만 옮겨서 사다리꼴을 만들어 보세요.

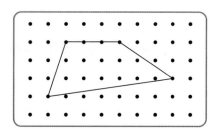

**4-2** 직사각형 모양의 종이띠를 선을 따라 자르면 사다리꼴은 몇 개 만들어지나요?

**4-3** 주어진 선분을 사용하여 사다리꼴을 2개 그려 보세요.

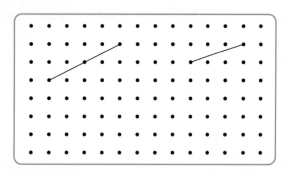

**4-4** 도형에 선분을 한 개 그어서 사다리꼴을 만들어 보세요.

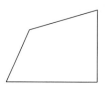

**4-5** 도형에서 찾을 수 있는 크고 작은 사다리꼴은 모두 몇 개인가요?

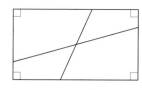

**4-6** 직사각형은 사다리꼴이라고 할 수 있습니다. 그 이유를 써 보세요.

**4-7** 사다리꼴에 대한 설명입니다. 옳지 <u>않은</u> 것을 찾아 기호를 써 보세요.

> ㉠ 평행한 변이 한 쌍이라도 있는 사각형입니다.
> ㉡ 직사각형은 사다리꼴입니다.
> ㉢ 사다리꼴은 직사각형입니다.

**유형 5** 평행사변형 알아보기

평행사변형을 모두 찾아 기호를 쓰세요.

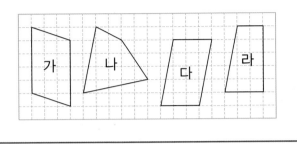

**5-1** 점 종이에 그린 사각형의 한 꼭짓점만 옮겨서 평행사변형을 각각 만들어 보세요.

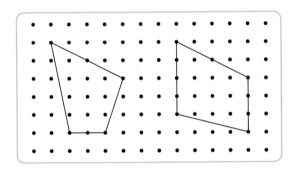

**5-2** 주어진 선분을 두 변으로 하는 평행사변형을 완성해 보세요.

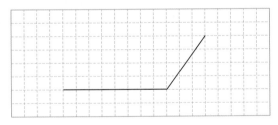

**5-3** 사각형 ㄱㄴㄷㄹ은 평행사변형입니다. 물음에 답하세요.

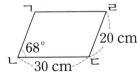

(1) 변 ㄱㄴ의 길이는 몇 cm인가요?

(2) 각 ㄱㄹㄷ의 크기는 몇 도인가요?

**5-4** 다음 도형은 평행사변형입니다. ☐ 안에 알맞은 수를 써넣으세요.

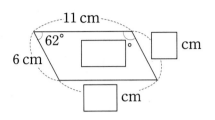

**5-5** 평행사변형 ㄱㄴㄷㄹ의 네 변의 길이의 합이 34 cm일 때, 변 ㄴㄷ의 길이를 구해 보세요.

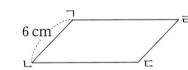

**5-6** 평행사변형 ㄱㄴㄷㄹ에서 각 ㄴㄱㄹ의 크기를 구해 보세요.

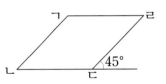

**5-7** 사각형 ㄱㄴㄷㄹ은 평행사변형입니다. 각 ㄱㄷㄹ의 크기는 몇 도인가요?

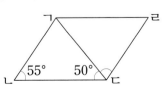

유형 6    마름모 알아보기

마름모를 모두 찾아 기호를 써 보세요.

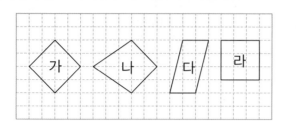

**6-1** 주어진 선분을 사용하여 마름모를 그려 보세요.

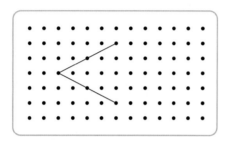

**6-2** 사각형 ㄱㄴㄷㄹ은 마름모입니다. 물음에 답하세요.

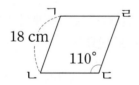

(1) 변 ㄱㄹ의 길이는 몇 cm인가요?

(2) 각 ㄴㄱㄹ의 크기는 몇 도인가요?

**6-3** 사각형 ㄱㄴㄷㄹ은 마름모입니다. 네 변의 길이의 합은 몇 cm인가요?

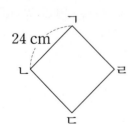

**6-4** 어떤 마름모의 네 변의 길이의 합이 28 cm 입니다. 이 마름모의 한 변의 길이는 몇 cm 인가요?

**6-5** 마름모입니다. □ 안에 알맞은 수를 써넣으세요.

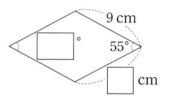

**6-6** 마름모 ㄱㄴㄷㄹ에서 선분 ㄱㄷ과 선분 ㄴㄹ의 길이의 합은 몇 cm인가요?

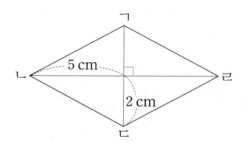

**6-7** 여러 개의 직선을 같은 간격으로 평행하게 그린 것입니다. 찾을 수 있는 크고 작은 마름모는 모두 몇 개인가요?

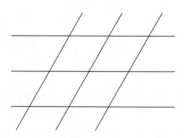

## 유형 7 여러 가지 사각형 알아보기

직사각형 모양의 종이를 선을 따라 오려서 여러 가지 사각형을 만들었습니다. 물음에 답하세요.

(1) 평행사변형을 모두 찾아 기호를 써 보세요.

(2) 직사각형을 모두 찾아 기호를 써 보세요.

(3) 정사각형을 찾아 기호를 써 보세요.

**7-1** 직사각형입니다. □ 안에 알맞은 수를 써넣으세요.

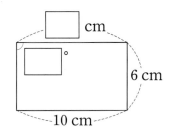

**7-2** 오른쪽 도형의 이름이 될 수 있는 것을 모두 찾아 ○표 하세요.

| 사각형 | 사다리꼴 | 평행사변형 |
|--------|----------|-----------|
| 마름모 | 직사각형 | 정사각형 |

**7-3** 직사각형과 정사각형의 공통점을 모두 찾아 기호를 써 보세요.

> ㉠ 네 각이 모두 직각입니다.
> ㉡ 네 변의 길이가 모두 같습니다.
> ㉢ 마주 보는 변의 길이가 같습니다.
> ㉣ 평행사변형이라고 할 수 있습니다.

**7-4** 주어진 모양의 직각 삼각자 2개를 변끼리 이어 붙여서 만들 수 <u>없는</u> 도형은 어느 것인가요?

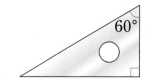

① 사다리꼴          ② 평행사변형
③ 이등변삼각형      ④ 정삼각형
⑤ 마름모

**7-5** 평행사변형은 마름모인가요? 그렇게 생각한 이유를 써 보세요.

**7-6** 사각형의 공통점을 2개만 써 보세요.

**7-7** 사각형에 대한 설명입니다. 옳은 설명에 ○표, 옳지 않은 설명에 ×표 하세요.

(1) 평행사변형은 사다리꼴입니다. (        )

(2) 직사각형은 정사각형입니다. (        )

(3) 마름모는 직사각형입니다. (        )

(4) 사다리꼴은 마름모입니다. (        )

(5) 마름모는 평행사변형입니다. (        )

**1** 도형에서 변 ㄱㄴ에 수직인 변을 모두 찾아 써 보세요.

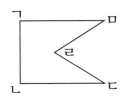

**2** 서로 수직인 변이 가장 많은 도형은 어느 것인가요?

①
②
③
④
⑤

**3** 도형에서 서로 수직인 직선은 모두 몇 쌍 있나요?

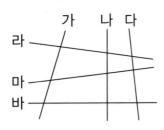

**4** 도형에서 직선 **가**와 직선 **나**에 대한 수선을 각각 찾아 차례대로 써 보세요.

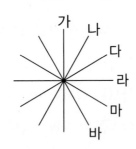

**5** 도형에서 서로 수직인 곳은 모두 몇 군데인가요?

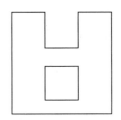

**6** 선분 ㄷㅁ은 선분 ㄴㅁ에 대한 수선입니다. 각 ㄱㅁㄴ의 크기는 몇 도인가요?

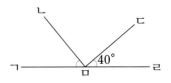

**7** 직각 삼각자를 사용하여 직선 **가**에 대한 수선을 그으려고 합니다. 직각 삼각자의 어느 부분에 연필을 대고 선을 그어야 하나요?

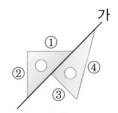

**8** 각도기를 사용하여 오른쪽과 같이 직선 **가**에 대한 수선을 그으려고 합니다. 순서대로 기호를 써 보세요.

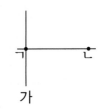

㉠ 각도기의 중심을 점 ㄱ에 맞추고 각도기의 밑금을 직선 가에 맞춥니다.
㉡ 점 ㄴ과 점 ㄱ을 직선으로 잇습니다.
㉢ 직선 가 위에 점 ㄱ을 찍습니다.
㉣ 각도기에서 90°가 되는 눈금 위에 점 ㄴ을 찍습니다.

**9** 직각 삼각자나 각도기를 사용하여 직선 **가**에 대한 수선을 3개 그어 보세요.

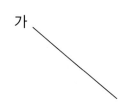

**10** 도형에 점 ㄹ을 지나고 변 ㄱㄴ에 수직인 선분을 그어 보세요.

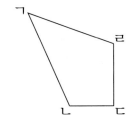

그림을 보고 물음에 답하세요. [11~13]

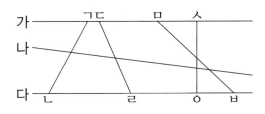

**11** 직선 **가**와 평행한 직선을 찾아 써 보세요.

**12** 평행선 사이의 수선을 찾아 써 보세요.

**13** 평행선 사이의 거리를 나타내는 선분을 찾아 써 보세요.

**14** 문장을 읽고 옳은 것에는 ○표, 틀린 것에는 ×표 하세요.

(1) 평행선 사이의 선분 중에서 수직인 선분의 길이는 모두 같습니다. (　　)

(2) 한 직선에 평행한 두 직선은 서로 수직입니다. (　　)

(3) 평행선 사이의 선분 중에서 수직인 선분의 길이가 가장 짧습니다. (　　)

(4) 평행선 사이의 거리는 평행선 사이의 수선의 길이입니다. (　　)

**15** 오른쪽 도형에서 평행선 사이의 거리는 몇 cm인가요?

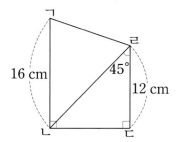

**16** 다음과 같은 도로에 육교를 놓으려고 합니다. 도로의 양쪽이 서로 평행하다고 할 때 가장 짧은 길이의 육교를 놓으려면 가 지점과 어느 지점을 연결하는 육교를 놓아야 하나요?

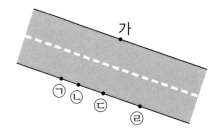

**17** 다음 중 평행선을 찾을 수 있는 물건을 모두 찾아 기호를 써 보세요.

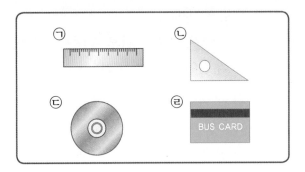

**18** 그림에서 서로 평행한 직선을 모두 찾아 써 보세요.

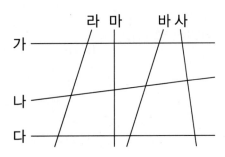

**19** 도형에는 평행선이 모두 몇 쌍 있나요?

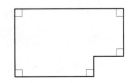

**20** 평행선이 가장 많은 것부터 차례대로 기호를 써 보세요.

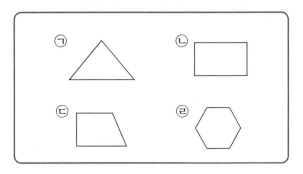

**21** 그림에서 평행선 사이의 거리는 4 cm입니다. 이 평행선 사이의 한 가운데를 지나는 평행한 직선을 그어 보세요.

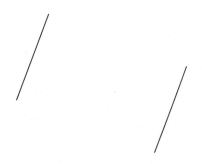

**22** 도형에서 평행선 사이의 거리는 몇 cm인지 구해 보세요.

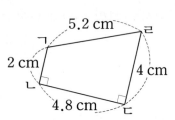

**23** 도형에서 변 ㄱㅂ과 변 ㄴㄷ은 서로 평행합니다. 변 ㄱㅂ과 변 ㄴㄷ 사이의 거리는 몇 cm인가요?

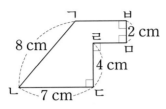

**24** 도형에서 평행선 사이의 거리가 8 cm일 때 도형의 둘레는 몇 cm인가요?

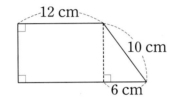

**25** 사다리꼴 ㄱㄴㄷㄹ에서 각 ㄴㄹㄷ의 크기를 구해 보세요.

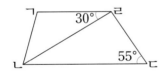

**26** 다음과 같이 직사각형 모양의 종이를 반으로 접어서 점선을 따라 자른 후 ㉮ 부분을 폈을 때 생기는 도형은 어떤 사각형이 되나요?

**27** 다음과 같이 사다리꼴의 일부만 그려져 있습니다. 어느 한 점을 선택하여 사다리꼴을 완성시키려 할 때 선택할 수 있는 점의 기호를 모두 찾아 써 보세요.

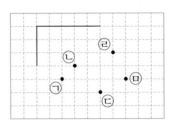

**28** 사각형 ㄱㄴㄷㄹ은 사다리꼴입니다. 평행선 사이의 거리가 4 cm일 때 사다리꼴의 네 변의 길이의 합은 몇 cm인가요?

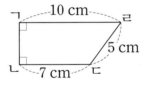

**29** 그림에서 찾을 수 있는 크고 작은 사다리꼴은 모두 몇 개인가요?

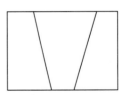

**30** 다음 그림과 같은 사각형의 이름이 될 수 있는 것을 모두 써 보세요.

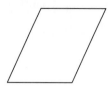

**31** 사각형 ㄱㄴㄷㄹ은 평행사변형입니다. □ 안에 알맞은 수를 써넣으세요.

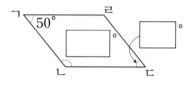

**32** 평행사변형 ㄱㄴㄷㄹ의 네 변의 길이의 합은 40 cm입니다. 변 ㄱㄹ의 길이는 몇 cm인가요?

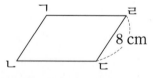

**33** 평행사변형 ㄱㄴㄷㄹ에서 각 ㄴㄱㄹ의 크기를 구해 보세요.

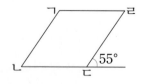

**34** 사각형 ㄱㄴㄷㄹ은 직사각형이고, 사각형 ㄱㅁㄷㅂ은 평행사변형입니다. 각 ㄱㅂㄷ의 크기를 구해 보세요.

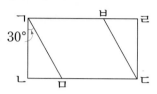

**35** 사각형 ㄱㄴㄷㄹ은 사다리꼴입니다. 변 ㄹㄷ과 평행한 선분 ㄱㅁ을 그으면 선분 ㄴㅁ의 길이는 몇 cm인가요?

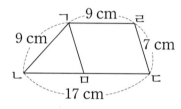

**36** 주어진 선분을 사용하여 마름모를 완성해 보세요.

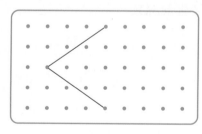

**37** 마름모 ㄱㄴㄷㄹ에서 각 ㄷㄱㄹ의 크기를 구해 보세요.

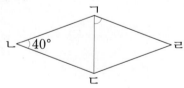

**38** 마름모입니다. □ 안에 알맞은 수를 써넣으세요.

(1)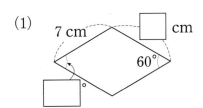

(2)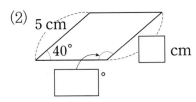

**39** 삼각형 ㄱㄴㄷ은 이등변삼각형이고 사각형 ㄱㄷㄹㅁ은 마름모일 때, 사각형 ㄱㄷㄹㅁ의 네 변의 길이의 합은 몇 cm인가요?

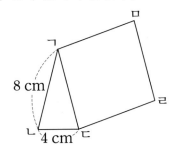

**40** 길이가 96 cm인 철사를 겹치거나 남김없이 사용하여 마름모 한 개를 만들었습니다. 마름모의 한 변의 길이는 몇 cm인가요?

**41** 사각형 ㄱㄴㄷㄹ은 마름모입니다. 각 ㄹㄴㄷ의 크기는 몇 도인지 구해 보세요.

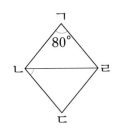

**42** 사각형 ㄱㄴㄷㄹ은 마름모입니다. ㉠의 크기는 몇 도인가요?

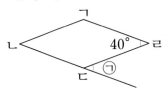

**43** 한 변의 길이가 16 cm인 정사각형의 네 변의 길이의 합은 몇 cm인가요?

**44** 사각형에 대한 설명 중 옳지 <u>않은</u> 것은 어느 것인가요?

① 마름모는 사다리꼴이라고 할 수 있습니다.
② 정사각형은 마름모라고 할 수 있습니다.
③ 직사각형은 정사각형이라고 할 수 있습니다.
④ 평행사변형은 사다리꼴이라고 할 수 있습니다.
⑤ 직사각형은 평행사변형이라고 할 수 있습니다.

**45** 사각형들의 공통적인 이름이 될 수 있는 것을 모두 써 보세요.

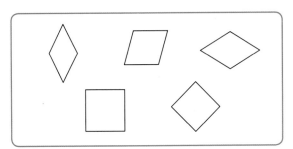

왕수학 실력편 4-2

**1** 점 ㄴ을 지나고 변 ㄱㄹ에 수직인 선분을 그은 후 그은 선분과 변 ㄱㄹ이 만나는 점을 점 ㅁ이라고 표시해 보세요. 이때 생기는 각 ㄱㄴㅁ의 크기는 몇 도인가요?

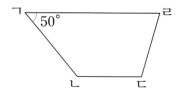

**2** 그림에서 어느 직선과도 수직이나 평행을 이루지 <u>않는</u> 직선을 찾아 써 보세요.

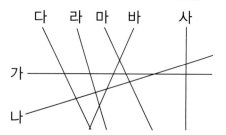

**3** 오른쪽 도형에 대한 설명으로 옳은 것을 모두 찾아 기호를 써 보세요.

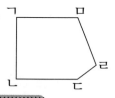

> ㉠ 서로 수직인 선분은 1쌍입니다.
> ㉡ 평행선 사이의 거리는 변 ㄱㄴ의 길이입니다.
> ㉢ 서로 평행한 선분은 2쌍입니다.
> ㉣ 변 ㄱㄴ은 변 ㄴㄷ에 대한 수선입니다.

**4** 세 직선 가, 나, 다가 서로 평행할 때 직선 가와 다 사이의 거리는 몇 cm인가요?

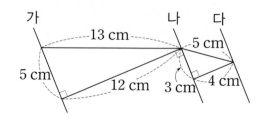

서로 수직인 두 선분이 이루는
각은 직각임을 이용하여 각의
크기를 구합니다.

**5** 선분 ㄱㄴ과 선분 ㄷㄹ은 서로 수직입니다. 각 ㄷㅇㅂ의 크기는 몇 도인가요?

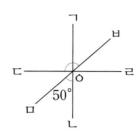

**6** 선분 ㄱㄴ과 선분 ㄹㄷ은 서로 평행하고, 선분 ㄱㄴ과 선분 ㄱㄹ, 선분 ㄴㅁ과 선분 ㅁㄷ은 서로 수직입니다. 이때 평행선 사이의 거리를 구해 보세요.

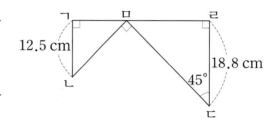

**7** 도형에서 서로 평행한 선분은 모두 몇 쌍인가요?

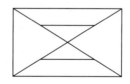

가장 작은 한 각의 크기는 몇
도인지 먼저 구합니다.

**8** 선분 ㄱㄴ은 선분 ㄷㄹ에 대한 수선입니다. 각 ㄷㄹㄴ을 똑같은 크기의 6개의 각으로 나누었을 때 각 ㄷㄹㅈ의 크기는 몇 도인가요?

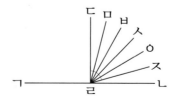

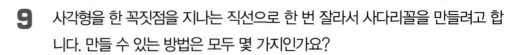

**9** 사각형을 한 꼭짓점을 지나는 직선으로 한 번 잘라서 사다리꼴을 만들려고 합니다. 만들 수 있는 방법은 모두 몇 가지인가요?

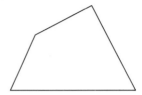

**10** 평행사변형 ㄱㄴㄷㄹ의 네 변의 길이의 합은 52 cm입니다. 긴 변이 짧은 변보다 6 cm 더 길 때, 변 ㄱㄴ의 길이는 몇 cm인가요?

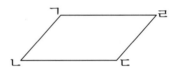

**11** 사각형 ㄱㄴㄷㅅ과 사각형 ㄱㄷㄹㅅ은 마름모이고, 사각형 ㅅㄹㅁㅂ은 정사각형입니다. 각 ㅂㄱㄷ의 크기를 구해 보세요.

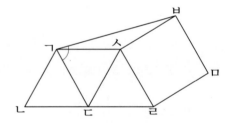

삼각형 2개, 삼각형 8개로 이루어진 마름모를 모두 찾습니다.

**12** 정삼각형 8개를 겹치지 않게 이어 붙여서 만든 것입니다. 찾을 수 있는 크고 작은 마름모는 모두 몇 개인가요?

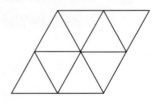

**13** 사각형 ㄱㄴㄷㄹ은 사다리꼴입니다. 각 ㄱㄴㄷ의 크기는 몇 도인가요?

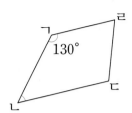

**14** 사각형 ㄹㅁㄴㄱ과 사각형 ㄱㄷㅂㅅ은 평행사변형입니다. 각 ㄱㄷㄴ의 크기는 몇 도인가요?

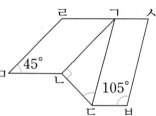

**15** 크기가 같은 작은 직사각형 6개를 겹치지 않게 이어 붙여서 다음과 같이 큰 직사각형 한 개를 만들었습니다. 만든 큰 직사각형의 네 변의 길이의 합은 몇 cm인가요?

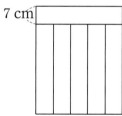

삼각형 ㄹㅁㄷ이 어떤 삼각형인지 먼저 알아봅니다.

**16** 사각형 ㄱㄴㄷㄹ은 평행사변형입니다. 이 평행사변형의 네 변의 길이의 합은 몇 cm인가요?

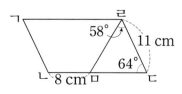

**01**

사각형 ㄱㄴㄷㅇ은 사다리꼴입니다. 도형에서 평행선은 모두 몇 쌍인지 구해 보세요.

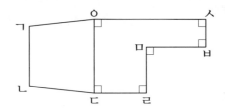

**02**

직사각형 모양의 종이를 오른쪽 그림과 같이 접었을 때 생기는 각 ㄱㅁㄴ의 크기는 몇 도인가요?

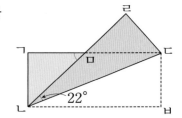

**03**

직선 가와 나는 서로 평행합니다. ㉠의 크기는 몇 도인가요?

평행선 사이에 수선을 그어 해결합니다.

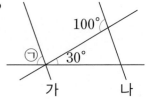

**04**

직선 가와 나는 서로 평행합니다. ㉠의 크기는 몇 도인가요?

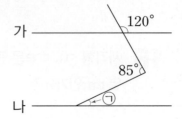

**05** 선분 ㄱㄹ과 선분 ㄴㄷ은 선분 ㄱㄴ에 대한 수선입니다. 각 ㄷㅁㄹ의 크기는 몇 도인가요?

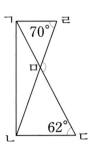

**06** 직선 가와 나는 서로 평행합니다. ㉠의 크기는 몇 도인가요?

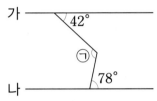

**07** 삼각형 ㅅㄷㄹ은 정삼각형이고 사각형 ㅅㄹㅁㅂ은 마름모입니다. 평행사변형 ㄱㄴㄷㅅ의 둘레의 길이는 54 cm일 때, 사다리꼴 ㄱㄴㅁㅂ의 네 변의 길이의 합은 몇 cm인가요?

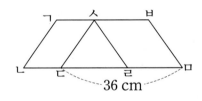

**08** 직선 가와 나는 서로 평행합니다. ㉠의 크기는 몇 도인가요?

평행선과 한 직선이 만날 때 생기는 같은 쪽의 각과 다른 쪽의 각의 크기는 각각 같습니다.

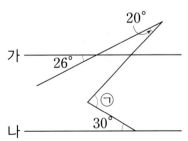

**09**

사각형 ㄱㄴㄷㄹ은 마름모입니다. 선분 ㄱㄹ과 선분 ㄱㅁ의 길이가 같을 때 각 ㉠의 크기는 몇 도인가요?

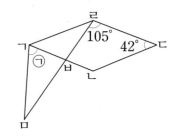

**10**

그림에서 찾을 수 있는 크고 작은 사다리꼴은 모두 몇 개인가요?

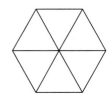

**11**

똑같은 마름모 8개를 겹치지 않게 이어 붙인 것입니다. ㉠의 크기는 몇 도인가요?

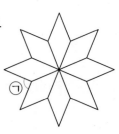

**12**

정사각형의 한 각은 90°입니다.

정사각형 모양의 색종이를 그림과 같이 한 각을 3등분 하여 접었습니다. ㉠의 크기는 몇 도인가요?

**13**

도형에서 변 ㄱㄹ과 변 ㄴㄷ이 서로 평행하고, 변 ㄱㄴ, 변 ㄱㄹ, 변 ㄹㄷ의 길이가 같습니다. 색칠한 사각형의 이름을 모두 써 보세요.

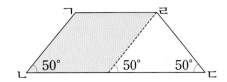

**14**

마름모와 정사각형의 한 변을 맞닿게 붙여 놓은 것입니다. 각 ㄷㅁㄹ의 크기를 구해 보세요.

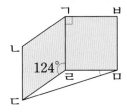

**15**

다음 그림에서 사각형 ㄱㄷㄹㅅ은 마름모이고 각 ㄴㅊㅈ과 각 ㄴㅊㅁ의 크기가 같을 때 각 ㄱㄴㅊ의 크기는 몇 도인가요?

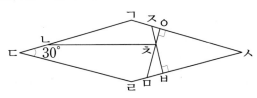

**16**

오른쪽 그림과 같이 직사각형 모양의 종이를 접었습니다. 각 ㄹㅂㅇ과 각 ㅂㄴㅇ의 크기의 차는 몇 도인가요?

평행선과 한 직선이 만날 때 생기는 같은 쪽의 각과 반대 쪽의 각의 크기는 각각 같습니다.

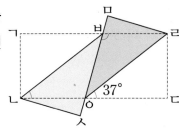

**1** □ 안에 알맞은 말을 써넣으세요.

> 두 직선이 만나서 이루는 각이 직각일 때,
> 두 직선은 서로 ☐ 이라고 합니다.

그림을 보고 물음에 답하세요. [2~3]

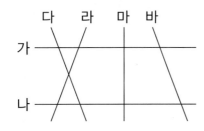

**2** 직선 **나**와 수직으로 만나는 직선을 찾아 써 보세요.

**3** 서로 평행한 직선은 모두 몇 쌍인가요?

**4** 도형에서 변 ㅁㄹ에 대한 수선을 모두 찾아 써 보세요.

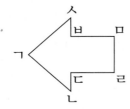

**5** 도형에서 평행선 사이의 거리를 알아보려면 어느 선분의 길이를 재어야 하나요?

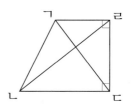

**6** 선분 ㄱㄴ은 선분 ㄷㄹ에 대한 수선입니다. 각 ㄴㅅㅂ의 크기는 몇 도인가요?.

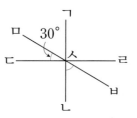

**7** 평행선을 찾아 평행선 사이의 거리를 재어 보세요.

**8** 도형에서 평행선은 모두 몇 쌍인가요?

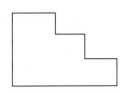

**9** 직사각형 2개를 겹쳐 놓았습니다. 평행한 변 ㄱㄴ과 변 ㅇㅅ 사이의 거리는 몇 cm인가요?

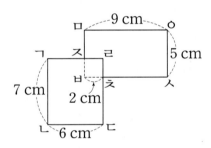

**10** 다음 중 사다리꼴을 모두 고르세요.

①    ②

③    ④

⑤

**11** 평행사변형입니다. □ 안에 알맞은 수를 써넣으세요.

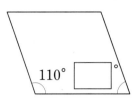

**12** 마름모입니다. □ 안에 알맞은 수를 써넣으세요.

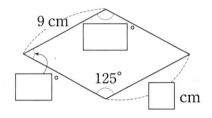

**13** 평행사변형이라고 할 수 있는 것을 모두 찾아 기호를 써 보세요.

| ㉠ 정사각형 | ㉡ 직사각형 |
|---|---|
| ㉢ 마름모 | ㉣ 사다리꼴 |

**14** 오른쪽 사각형 ㄱㄴㄷㄹ은 네 변의 길이의 합이 52 cm인 마름모입니다. 변 ㄱㄴ의 길이와 각 ㄱㄴㄷ의 크기를 각각 구해 보세요.

변 ㄱㄴ의 길이 (                  )

각 ㄱㄴㄷ의 크기 (                  )

**15** 사각형 ㄱㄴㄷㄹ은 직사각형입니다. 각 ㅁㄴㄹ의 크기는 몇 도인가요?

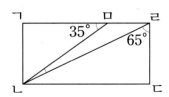

**16** 한 변이 2 cm인 정삼각형 모양의 색종이 18장을 겹치지 않게 빈틈없이 이어 붙여서 마름모를 만들었습니다. 만든 마름모의 네 변의 길이의 합은 몇 cm인가요?

**17** 그림은 정삼각형, 평행사변형, 마름모를 겹치지 않게 이어 붙인 것입니다. 도형 전체의 둘레의 길이를 구해 보세요.

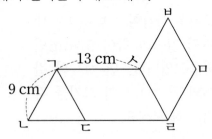

서술형

**18** 사각형을 정사각형이라고 할 수 없는 이유를 설명해 보세요.

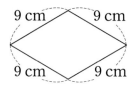

**19** 사각형 ㄱㄴㄷㄹ은 평행사변형입니다. 각 ㄴㄱㄹ의 크기는 몇 도인지 설명해 보세요.

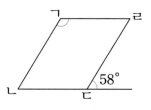

**20** 직사각형 모양의 종이를 접었습니다. 각 ㄱㅁㄷ의 크기는 몇 도인지 설명해 보세요.

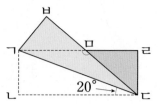

# 단원 **5** 꺾은선그래프

## 이번에 배울 내용

1 꺾은선그래프 알아보기

2 꺾은선그래프의 내용 알아보기

3 꺾은선그래프 그리기

4 알맞은 그래프로 나타내기

## 5. 꺾은선그래프

### 1 꺾은선그래프 알아보기

• 수량을 점으로 표시하고 그 점들을 선분으로 이어 그린 그래프를 꺾은선그래프라고 합니다.

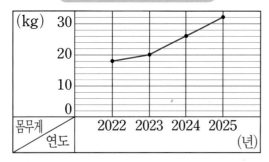

예슬이의 몸무게

• 예슬이의 몸무게를 나타낸 꺾은선그래프입니다.
• 가로는 연도를 세로는 몸무게를 나타냈습니다.
• 눈금 한 칸의 크기는 2kg입니다.
• 꺾은선그래프의 특징
－ 변화하는 모양과 정도를 알아보기 쉽습니다.
－ 조사하지 않은 중간의 값을 예상할 수 있습니다.

### 2 꺾은선그래프의 내용 알아보기

불량품 수

(개)
300
200
100
0

불량품 수 / 연도    2017 2019 2021 2023 2025
(년)

• 2020년도의 불량품 수는 약 270개입니다.
• 불량품 수의 변화가 가장 클 때는 2021년과 2023년 사이이고, 가장 적은 때는 2023년과 2025년 사이입니다.
• 2027년의 불량품 수는 2025년의 불량품 수보다 적을 것이라고 예상할 수 있습니다.

---

**확인문제**

① 운동장의 온도를 조사하여 나타낸 그래프입니다. 물음에 답하세요.

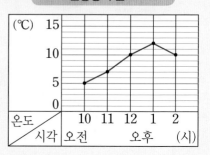

운동장의 온도

(1) 위와 같은 그래프를 무슨 그래프라고 하나요?

(2) 가로 눈금과 세로 눈금은 각각 무엇을 나타내나요?

(3) 오후 3시의 온도는 어떻게 변할 것으로 예상하나요?

② 어느 도시의 기온을 매월 1일 같은 시각에 조사하여 나타낸 꺾은선그래프입니다. 물음에 답하세요.

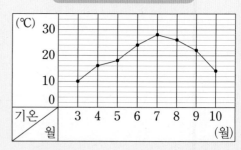

어느 도시의 기온

(1) 6월 1일의 기온은 몇 도인가요?

(2) 8월 16일의 기온은 약 몇 도인가요?

(3) 기온이 가장 높은 달과 가장 낮은 달의 기온의 차는 몇 도인가요?

## 3 꺾은선그래프에서 물결선의 필요성 알아보기

- 꺾은선그래프를 그릴 때 필요 없는 부분을 줄이기 위한 ≈을 물결선이라고 합니다.

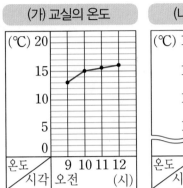
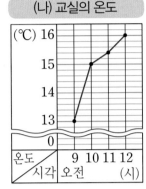

➡ 13℃보다 낮은 온도가 없기 때문에 필요없는 부분은 물결선으로 그리고 물결선 위로 13℃부터 시작합니다.

➡ 세로 눈금 한 칸의 크기를 작게 그린 (나) 그래프가 (가) 그래프보다 온도가 변화하는 모양을 더 뚜렷하게 나타냅니다.

보통 가로 눈금에는 일정하게 정해진 것을 세로 눈금에는 변화하는 양을 나타냅니다.

## 4 꺾은선그래프 그리기

① 가로와 세로에 무엇을 나타낼 것인지 정합니다.
② 세로 눈금 한 칸의 크기를 정합니다.
③ 가로 눈금과 세로 눈금이 만나는 자리에 점을 찍습니다.
④ 점들을 선분으로 연결합니다.
⑤ 꺾은선그래프의 제목을 씁니다.

## 5 알맞은 그래프로 나타내기

- 한 달 동안의 식물의 성장 기록, 연도별 인구 수의 추세, 몇 년 동안의 내 키의 변화 등 자료의 변화 정도를 알아볼 때는 꺾은선그래프로 나타내는 것이 좋습니다.
- 조사하지 않은 시기의 값이나 앞으로의 값을 예측하기에 좋습니다.

**확인문제**

3 지혜의 몸무게를 매월 1일에 조사하여 그래프로 나타낸 것입니다. 물음에 답하세요.

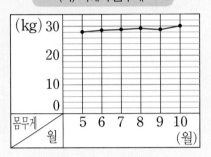
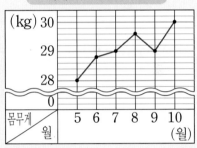

(1) (가)와 (나) 그래프의 세로 눈금 한 칸의 크기는 각각 얼마인가요?

(가) 그래프 (          )
(나) 그래프 (          )

(2) (가)와 (나) 그래프 중 지혜의 몸무게가 변화하는 모습을 뚜렷하게 알 수 있는 것은 어느 것인가요?

4 화단에 있는 코스모스의 키를 일주일에 한 번씩 두 달 동안 조사했습니다. 코스모스의 키의 변화를 알아보려면 막대그래프와 꺾은선그래프 중에서 어느 그래프로 나타내는 것이 더 좋을까요?

## step 2 기본 유형익히기

**유형 1** 꺾은선그래프 알아보기

한별이네 반에서 키우는 봉숭아의 키를 매월 1일에 조사하여 나타낸 그래프입니다. 물음에 답하세요.

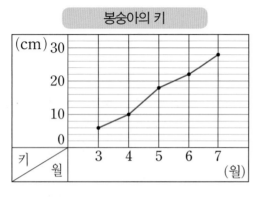

봉숭아의 키

(1) 위와 같은 그래프를 무슨 그래프라고 하나요?

(2) 꺾은선그래프의 가로와 세로는 각각 무엇을 나타내나요?

(3) 세로 눈금 한 칸은 얼마를 나타내나요?

(4) 꺾은선은 무엇을 나타내나요?

**1-1** 꺾은선그래프를 보고 물음에 답하세요.

교실의 온도

(1) 꺾은선그래프의 가로와 세로는 각각 무엇을 나타내나요?

(2) 세로 눈금 한 칸은 얼마를 나타내나요?

**1-2** 상연이가 살고 있는 지역의 월평균 기온을 나타낸 막대그래프와 꺾은선그래프입니다. 그래프를 보고 물음에 답하세요.

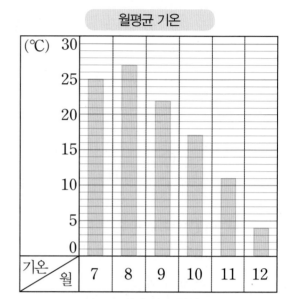

월평균 기온

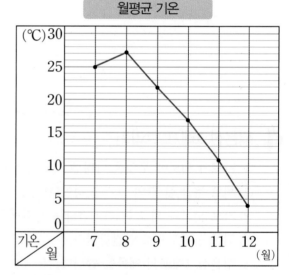

월평균 기온

(1) 기온의 변화를 한눈에 알아보기 쉬운 그래프는 어느 것인가요?

(2) 막대그래프와 꺾은선그래프의 같은 점과 다른 점을 각각 한 가지씩 써 보세요.

## 유형 2  꺾은선그래프의 내용 알아보기

어느 식물의 키를 매월 말일에 조사하여 나타낸 꺾은선그래프입니다. 물음에 답하세요.

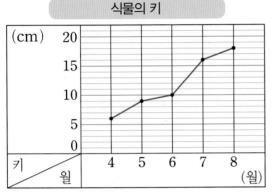

(1) 4개월 동안 식물의 키는 어떻게 변했나요?

(2) 전달에 비해 키의 변화가 가장 클 때는 언제인가요?

**2-1** 어느 공장의 자동차 생산량을 조사하여 나타낸 꺾은선그래프입니다. 물음에 답하세요.

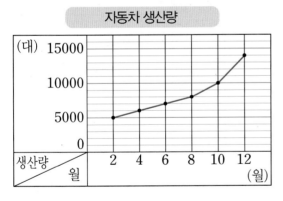

(1) 10개월 동안 자동차 생산량은 어떻게 변했나요?

(2) 자동차 생산량이 가장 많은 달과 가장 적은 달의 생산량의 차는 몇 대인가요?

(3) 9월에는 자동차 생산량이 약 몇 대인가요?

**2-2** 효근이가 1학년 때부터 6학년 때까지 읽은 책의 수를 나타낸 그래프입니다. 물음에 답하세요.

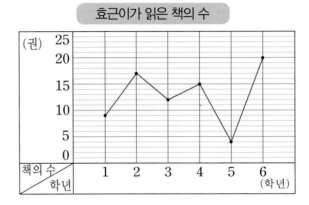

(1) 위의 꺾은선그래프를 보고 다음 표를 완성해 보세요.

효근이가 읽은 책의 수

| 학년 | 1 | 2 | 3 | 4 | 5 | 6 |
|---|---|---|---|---|---|---|
| 책의 수(권) | | | | | | |

(2) 효근이가 읽은 책의 수가 전학년에 비해 가장 많이 늘어난 때는 몇 학년 때인가요?

(3) 3학년 때 효근이가 읽은 책의 수는 2학년 때에 비해 얼마나 줄어 들었나요?

(4) 효근이가 1학년 때부터 6학년 때까지 읽은 책의 수는 모두 몇 권인가요?

**2-3** 예슬이와 신영이의 몸무게의 변화를 매년 1월 1일에 조사하여 꺾은선그래프로 나타내었습니다. 물음에 답하세요.

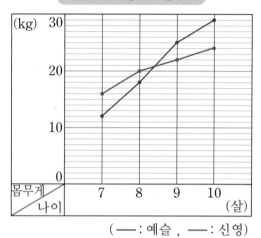

예슬이와 신영이의 몸무게

( ── : 예슬 , ── : 신영 )

(1) 8살이 되는 해 1월 1일에 예슬이와 신영이의 몸무게는 각각 몇 kg인가요?

(2) 7살이 되는 해 1월 1일부터 10살이 되는 해 1월 1일까지 신영이의 몸무게는 몇 kg이 늘었나요?

(3) 7살이 되는 해 1월 1일에 신영이의 몸무게는 예슬이의 몸무게보다 몇 kg 더 무거운가요?

(4) 위 그래프에서 두 사람의 몸무게의 차가 가장 큰 때의 두 사람의 몸무게의 차는 몇 kg인가요?

**유형 3** 꺾은선그래프로 나타내어 보기

표를 보고 꺾은선그래프를 그려 보세요.

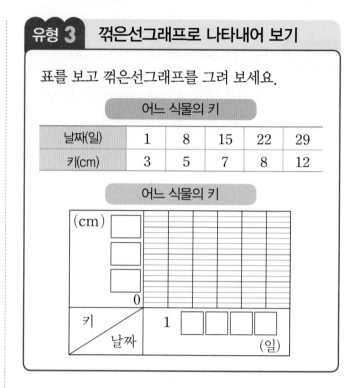

어느 식물의 키

| 날짜(일) | 1 | 8 | 15 | 22 | 29 |
|---|---|---|---|---|---|
| 키(cm) | 3 | 5 | 7 | 8 | 12 |

**3-1** 표를 보고 물음에 답하세요.

교실의 온도

| 시각(시) | 오전10 | 오전11 | 낮12 | 오후1 | 오후2 |
|---|---|---|---|---|---|
| 온도(℃) | 7 | 9 | 12 | 17 | 15 |

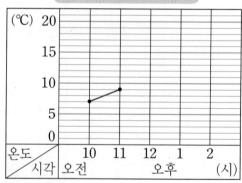

교실의 온도

(1) 교실의 온도가 가장 높았던 시각을 써 보세요.

(2) 꺾은선그래프를 완성해 보세요.

**3-2** 강아지의 무게를 매월 1일에 조사하여 꺾은 선그래프로 나타낸 것입니다. 필요 없는 부분에 물결선을 그려 넣으세요.

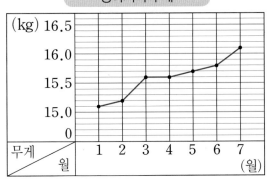

강아지의 무게

**3-3** 어느 가게의 매출액을 조사하여 나타낸 표입니다. 물음에 답하세요.

매출액

| 월 | 2 | 4 | 6 | 8 | 10 | 12 |
|---|---|---|---|---|---|---|
| 매출액(만 원) | 1220 | 1340 | 1260 | 1260 | 1420 | 1480 |

(1) 표를 보고 그래프를 그리는 데 꼭 필요한 부분은 몇만 원부터 몇만 원까지인가요?

(2) 가로 눈금과 세로 눈금에는 각각 무엇을 나타내는 것이 좋겠나요?

(3) 표를 보고 물결선을 사용한 꺾은선그래프로 나타내 보세요.

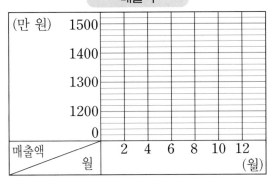

매출액

---

**유형 4** 알맞은 그래프로 나타내기

막대그래프로 나타내기 좋은 경우 ○표, 꺾은 선그래프로 나타내기 좋은 경우 △표 하세요.

(1) 우리 반 학생들이 좋아하는 운동

(      )

(2) 5살부터 11살까지의 나의 몸무게의 변화

(      )

**4-1** 유승이가 하루에 한 번씩 50 m 달리기를 한 기록을 조사하여 나타낸 표입니다. 물음에 답하세요.

50 m 달리기 기록

| 요일(요일) | 월 | 화 | 수 | 목 |
|---|---|---|---|---|
| 기록(초) | 8.8 | 8.2 | 7.9 | 7.7 |

(1) 위의 표를 보고 꺾은선그래프로 나타내 보세요.

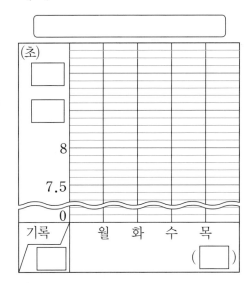

(2) 유승이의 기록이 가장 좋은 요일은 언제 인가요?

(3) 유승이의 기록이 전날에 비해 가장 많이 빨라진 요일은 언제인가요?

어느 연못의 수온을 조사하여 나타낸 꺾은선그 래프입니다. 물음에 답하세요. [1~3]

연못의 수온

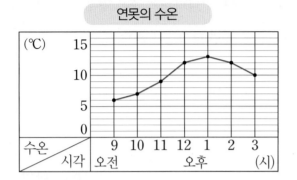

**1** 오전 9시부터 오후 1시까지 연못의 수온은 몇 ℃ 올랐나요?

**2** 오후 2시 30분에 연못의 수온은 약 몇 ℃인 가요?

**3** 수온이 낮아지기 시작한 시각은 몇 시인가 요?

**4** 동민이네 학교의 쓰레기 배출량을 조사하여 나타낸 꺾은선그래프입니다. 쓰레기 배출량 이 가장 많을 때와 가장 적을 때 쓰레기 배출 량의 차는 몇 kg인가요?

쓰레기 배출량

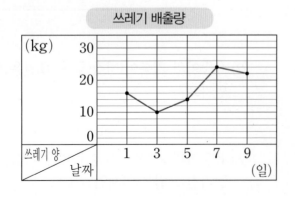

가득 찬 물통에서 물이 흘러나가고 남은 양과 시간과의 관계를 나타낸 그래프입니다. 물음에 답하세요. [5~7]

물이 흘러나가고 남은 양

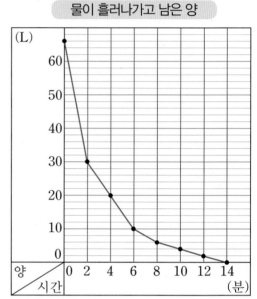

**5** 물이 가장 많이 흘러나간 것은 몇 분과 몇 분 사이인가요?

**6** 물이 흘러나간지 5분이 되었을 때 물통에는 물이 약 몇 L 남아 있나요?

**7** 처음 8분 동안 흘러나간 물의 양은 몇 L인 가요?

효근이가 병원에 입원했을 때 1시간마다 잰 체온을 나타낸 그래프입니다. 물음에 답하세요. [8~11]

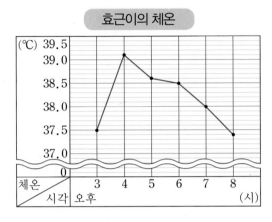

효근이의 체온

**8** 세로 눈금 한 칸의 크기는 몇 도인가요?

**9** 체온이 가장 많이 오른 때는 몇 시와 몇 시 사이이고, 몇 도 올랐나요?

**10** 체온이 가장 많이 떨어진 때는 몇 시와 몇 시 사이이고, 몇 도 떨어졌나요?

**11** 위 그래프에서 체온이 가장 높은 때와 가장 낮은 때의 체온의 차를 구해 보세요.

예슬이네 학교에서 월별로 모은 폐휴지의 양을 나타낸 그래프입니다. 물음에 답하세요. [12~15]

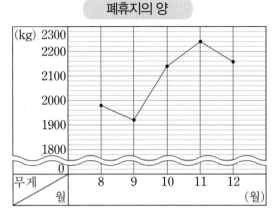

폐휴지의 양

**12** 폐휴지를 가장 많이 모은 달은 언제이고, 몇 kg을 모았나요?

**13** 전달에 비해 폐휴지의 양이 가장 많이 늘어난 때는 몇 월인가요?

**14** 전달에 비해 폐휴지의 양이 가장 많이 감소한 때는 몇 kg 감소하였나요?

**15** 폐휴지를 1 kg에 50원씩 받고 팔려고 합니다. 9월에 모은 폐휴지를 팔아서 받을 수 있는 돈은 얼마인가요?

**16** 어느 가게의 사탕 판매량을 조사하여 나타낸 표입니다. 표를 보고 꺾은선그래프로 나타내 보세요.

사탕 판매량

| 날짜(일) | 판매량(개) |
| --- | --- |
| 1 | 80 |
| 3 | 120 |
| 5 | 140 |
| 7 | 170 |
| 9 | 130 |

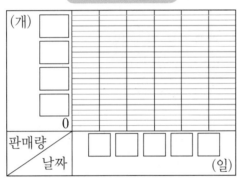

**17** 꺾은선그래프 (가), (나), (다) 중 바르게 그린 것을 찾아 보세요.

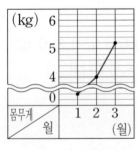
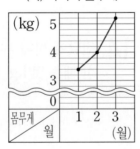

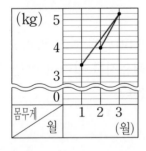

**18** 5월에 어느 지역의 아침 최저 기온을 조사하여 나타낸 표입니다. 물음에 답하세요.

아침 최저 기온

| 날짜(일) | 1 | 6 | 11 | 16 | 21 | 26 | 31 |
| --- | --- | --- | --- | --- | --- | --- | --- |
| 기온(℃) | 5 | 5 | 4 | 7 | 10 | 13 | 15 |

(1) 막대그래프와 꺾은선그래프 중 어떤 그래프로 나타내는 것이 좋을까요?

(2) 알맞은 그래프로 나타내 보세요.

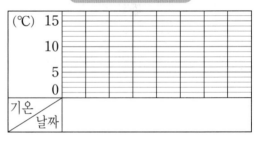

**19** 두 그래프에 대한 설명 중 옳지 <u>않은</u> 것을 찾아 기호를 써 보세요.

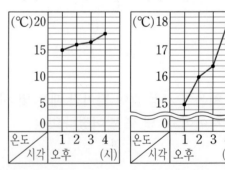

ㄱ (가) 그래프와 (나) 그래프의 세로 눈금 한 칸의 크기의 차는 0.8 ℃입니다.

ㄴ 두 그래프는 서로 다른 자료를 가지고 그렸습니다.

ㄷ (나) 그래프가 (가) 그래프보다 온도의 변화 모양을 더 뚜렷하게 나타냅니다.

용희는 비가 오는 어느 날 비커에 담긴 빗물의 높이를 10분 간격으로 측정하여 표로 나타내었습니다. 물음에 답하세요. [20~22]

비커에 담긴 빗물의 높이

| 시간(분) | 0 | 10 | 20 | 30 | 40 | 50 |
|---|---|---|---|---|---|---|
| 높이(cm) | 0 | 0.8 | 3.2 | 3.6 | 3.8 | 4.0 |

**20** 표를 보고 꺾은선그래프로 나타내 보세요.

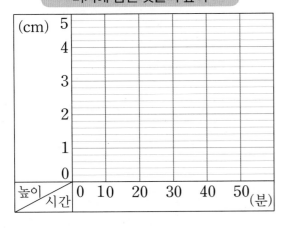

**21** 비가 가장 많이 내린 것은 몇 분과 몇 분 사이이고, 비커에 담긴 빗물의 높이는 몇 cm 만큼 더 높아졌나요?

**22** 45분 후에는 25분 후보다 비커에 담긴 빗물의 높이가 약 몇 cm만큼 더 높아진 것으로 예상 할 수 있나요?

한별이의 수학 성적을 월별로 나타낸 표입니다. 물음에 답하세요. [23~26]

한별이의 수학 성적

| 월 | 4 | 5 | 6 | 7 | 8 | 9 | 10 |
|---|---|---|---|---|---|---|---|
| 점수(점) | 82 | 87 | 84 | 96 | 91 | 85 | 88 |

**23** 그래프를 그리는 데 꼭 필요한 부분은 몇 점 부터 몇 점까지인가요?

**24** 위의 표를 보고 꺾은선그래프로 나타내 보세요.

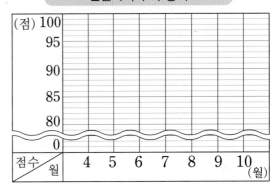

**25** 수학 성적이 가장 높은 때와 가장 낮은 때의 점수의 차를 구해 보세요.

**26** 수학 성적이 85점보다 높은 때는 몇 번 있었나요?

**27** 꺾은선그래프로 나타내면 좋은 것을 모두 찾아 기호를 써 보세요.

> ㉠ 친구들의 줄넘기 기록
> ㉡ 연도별 예슬이의 키
> ㉢ 어느 도시의 월별 강수량
> ㉣ 학생들이 좋아하는 색깔
> ㉤ 강낭콩의 키의 변화

**28** 어느 과수원의 사과 수확량을 조사하여 나타낸 꺾은선그래프입니다. 전년도에 비해 사과 수확량의 변화가 가장 큰 때는 언제이고, 그 때의 사과 수확량의 차는 몇 개인가요?

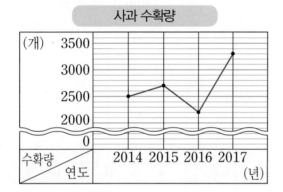

**29** 어느 마을의 인구 수를 2년마다 조사하여 나타낸 꺾은선그래프입니다. 2017년 이 후에는 인구 수가 어떻게 될 것인지 예상하여 보세요.

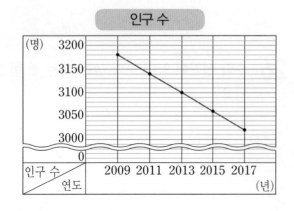

**30** 어느 영화관의 관람객 수를 2개월마다 조사하여 천의 자리까지 나타낸 표입니다. 물결선을 사용한 꺾은선그래프로 나타내 보세요.

관람객 수

| 월 | 2 | 4 | 6 | 8 | 10 |
|---|---|---|---|---|---|
| 관람객 수(명) | 31000 | 38000 | 43000 | 41000 | 36000 |

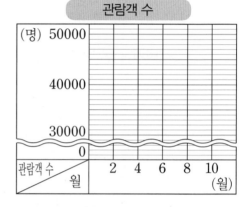

강아지와 고양이의 무게를 매월 1일에 조사하여 나타낸 꺾은선그래프입니다. 물음에 답하세요. [31~32]

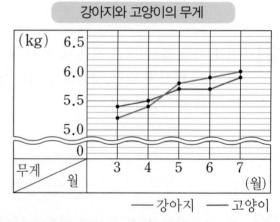

**31** 강아지와 고양이 중 4개월 동안 무게의 변화가 더 큰 것은 어느 것인가요?

**32** 강아지와 고양이의 무게가 같아진 때는 언제쯤인가요?

예슬이와 지혜의 키를 매년 3월에 조사하여
나타낸 그래프입니다. 물음에 답하세요.

[33~36]

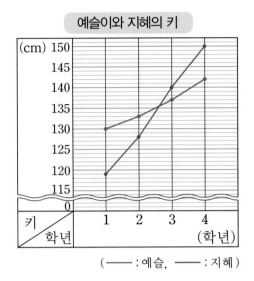

예슬이와 지혜의 키

( —— : 예슬, —— : 지혜 )

**33** 예슬이와 지혜의 키의 차가 가장 큰 때의 키
의 차는 몇 cm인가요?

**34** 예슬이가 지혜보다 키가 5 cm 더 큰 때는
언제인가요?

**35** 1학년 때부터 4학년이 될 때까지 누구의 키
가 몇 cm 더 많이 자랐나요?

**36** 5학년 3월에는 예슬이의 키가 4학년 3월보
다 세로로 2칸 위에 있게 되었다고 합니다.
5학년 3월에 예슬이의 키는 몇 cm인가요?

**37** 효근이의 체온을 1시간마다 재어 나타낸 표
를 보고 꺾은선그래프를 그려 보세요.

효근이의 체온

| 시각(시) | 낮12 | 오후1 | 오후2 | 오후3 | 오후4 |
|---|---|---|---|---|---|
| 체온(℃) | 37.4 | 38.0 | 38.3 | 38.6 | 38.4 |

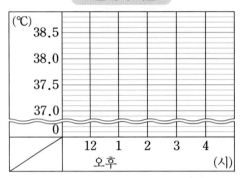

효근이의 체온

**38** 한별이네 반의 매월 쓰레기 배출량을 조사하
여 나타낸 꺾은선그래프입니다. (가) 그래프
를 보고 (나) 그래프에 물결선을 사용한 꺾은
선그래프로 나타내 보세요.

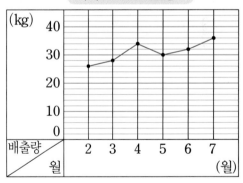

(가) 쓰레기 배출량

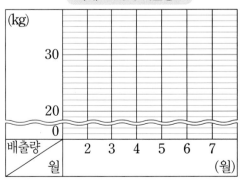

(나) 쓰레기 배출량

5. 꺾은선그래프 • **131**

**5**
단원

왕수학 실력편 4-2

**1** 어느 가게의 붕어빵 판매량을 조사하여 나타낸 꺾은선그래프입니다. 붕어빵 한 개의 가격이 500원일 때 2일에 판 붕어빵 전체의 가격은 얼마 쯤으로 예상할 수 있나요?

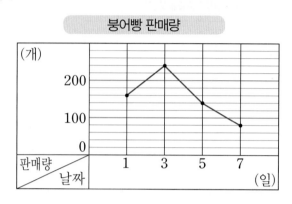

붕어빵 판매량

**2** 어느 도서관의 도서 대출 현황을 조사하여 표와 꺾은선그래프로 나타내려고 합니다. 표와 꺾은선그래프를 완성해 보세요.

도서 대출 현황

| 월 | 3 | 5 | 7 | 9 | 합계 |
|---|---|---|---|---|---|
| 대출 도서 수(권) | | | 124 | | 515 |

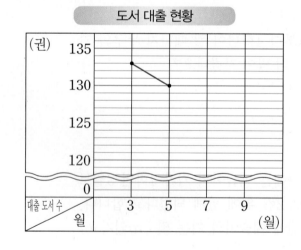

도서 대출 현황

어느 학교의 4학년 남학생과 여학생 수를 조사하여 나타낸 꺾은선그래프입니다. 물음에 답하세요. [3~4]

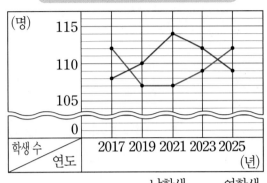

**5** 단원

**3** 2022년에 남학생 수는 여학생 수보다 약 몇 명 더 많을 것으로 예상할 수 있나요?

**4** 남학생과 여학생 수의 차가 가장 큰 해의 학생 수의 차는 몇 명인가요?

**5** 어느 지역의 강수량을 조사하여 나타낸 표입니다. 세로 눈금 한 칸을 3 mm로 하여 꺾은선그래프를 그리면 강수량이 가장 많은 달과 가장 적은 달은 세로 눈금이 몇 칸 차이가 나는지 구해 보세요.

강수량

| 월 | 2 | 3 | 4 | 5 | 6 |
|---|---|---|---|---|---|
| 강수량(mm) | 69 | 90 | 96 | 81 | 54 |

그래프의 일부분을 보고 1시간 동안의 기온의 변화량을 알아 봅니다.

**6** 어느 도시의 기온을 꺾은선그래프로 나타낸 것의 일부분입니다. 이날 오후 1시까지 기온이 계속 일정하게 올라갔다면 오후 1시의 기온은 몇 ℃인가요?

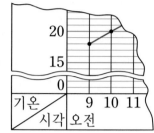

**7** 어느 회사의 수출액을 2개월마다 조사하여 나타낸 꺾은선그래프입니다. 그래프에서 5월과 11월의 수출액의 차는 얼마 쯤으로 예상할 수 있나요?

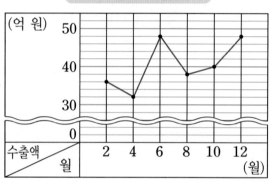

**8** 다음은 가영이와 웅이의 몸무게를 학년별로 3월에 재어 나타낸 그래프입니다. 가영이의 몸무게가 가장 많이 늘어난 학년에 웅이의 몸무게는 어떻게 변했나요?

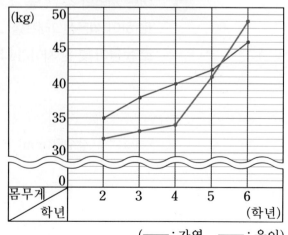

**9** 어느 서점의 책 판매량을 꺾은선그래프로 나타낸 것입니다. 3일, 5일, 7일, 9일의 판매량의 합은 348권이고, 5일의 판매량은 3일의 판매량보다 6권이 더 많습니다. 꺾은선그래프를 완성해 보세요.

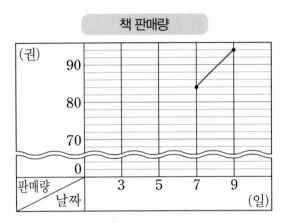

**10** 지혜의 국어와 과학 점수를 월별로 나타낸 그래프입니다. 그래프를 보고 지혜의 국어와 과학 점수의 합계를 꺾은선그래프로 나타내 보세요.

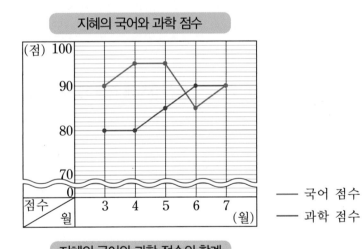

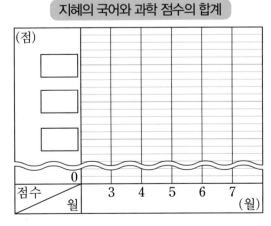

어느 건물의 안과 밖의 온도를 2시간마다 기록하여 꺾은선그래프로 나타낸 것입니다. 물음에 답하세요. [01~04]

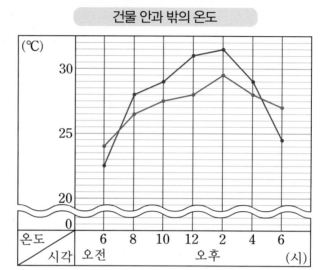

( —— :건물 안, —— :건물 밖)

**01** 어느 곳의 온도 변화가 더 심한가요?

**02** 오전 9시에 건물 안의 온도와 건물 밖의 온도는 약 몇 도인가요?

**03** 건물 안과 밖의 온도 차가 가장 큰 때는 몇 시이고, 그 차는 몇 도인가요?.

**04** 건물 안의 온도가 건물 밖의 온도와 같아진 때는 몇 번 있나요?

어느 자전거 회사의 연간 자전거 생산량을 조사하여 나타낸 꺾은선그래프입니다. 물음에 답하세요. [05~08]

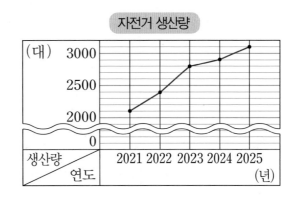

**05** 2024년의 자전거 생산량은 몇 대인가요?

**06** 2025년에는 2021년보다 자전거 생산량이 몇 대 늘어났나요?

**07** 2021년부터 2025년까지 자전거 생산량은 모두 몇 대인가요?

**08** 2022년 1월 1일부터 2022년 6월 30일까지 생산한 자전거는 약 몇 대로 예상할 수 있나요?

**09** 가영이와 지혜의 몸무게를 2개월마다 각 달의 1일에 조사하여 꺾은선그래프로 나타 내었습니다. 물음에 답하세요.

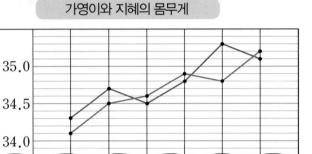

(1) 두 사람의 몸무게가 같았던 때는 모두 몇 번인가요?

(2) 11월 1일에 두 사람의 몸무게의 합은 약 몇 kg인가요?

**10** 어느 도시에서 발생한 교통 사고 수를 조사하여 나타낸 꺾은선그래프입니다. 이 그 래프의 세로 눈금 한 칸의 크기를 다르게 하여 다시 그렸더니 그 그래프에서 7월과 9월의 세로 눈금은 14칸 차이가 났습니다. 다시 그린 그래프는 세로 눈금 한 칸의 크기를 몇 건으로 한 것인가요?

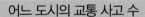
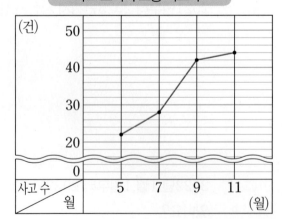

**11**

신영이의 100 m 달리기 최고 기록을 월별로 조사하여 나타낸 꺾은선그래프입니다. 4월부터 전달보다 기록이 단축된 달은 0.5초당 2장의 붙임 딱지를 얻고, 그렇지 않은 달은 0.5초당 1장의 붙임 딱지를 잃는다고 합니다. 3월에 5장의 붙임 딱지를 모았다면 신영이는 8월까지 붙임 딱지를 몇 장 모았나요?

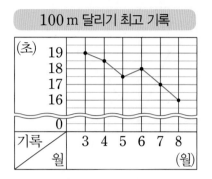

100 m 달리기 최고 기록

**12**

꺾은선그래프의 전체적인 모양이 어떻게 변하는지 살펴봅니다.

세 도시의 대기 중 이산화탄소의 양을 조사하여 꺾은선그래프로 나타낸 것입니다. 전체적으로 보았을 때 세 도시 중 이산화탄소의 양이 변화하는 모양이 다른 한 도시를 찾아 보세요.

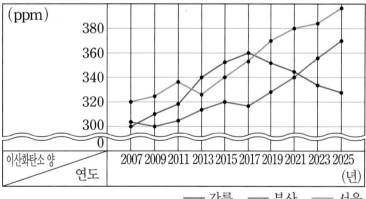

대기 중 이산화탄소의 양

— 강릉   — 부산   — 서울

어느 도시의 초등학생 수를 조사하여 나타낸 꺾은선그래프입니다. 물음에 답하세요. [1~4]

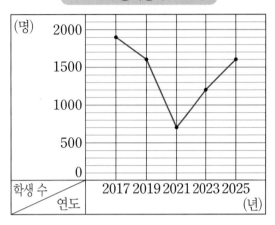

초등학생 수

**1** 세로 눈금 한 칸의 크기는 몇 명인가요?

**2** 2021년의 초등학생 수는 2019년의 초등학생 수보다 몇 명 줄었나요?

**3** 초등학생 수가 가장 많은 때와 가장 적은 때의 학생 수의 차는 몇 명인가요?

**4** 2024년에 초등학생 수는 약 몇 명 정도로 예상할 수 있나요?

고양이의 무게를 매월 말일에 조사하여 나타낸 꺾은선그래프입니다. 물음에 답하세요.

[5~8]

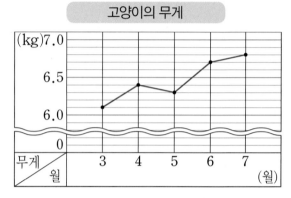

고양이의 무게

**5** 꺾은선그래프를 보고 표의 빈칸에 알맞은 수를 써넣으세요.

고양이의 무게

| 월 | 3 | 4 | 5 | 6 | 7 |
|---|---|---|---|---|---|
| 무게(kg) | | | | | |

**6** 고양이의 무게가 전달보다 줄어든 달은 몇 월인가요?

**7** 5월 말일부터 7월 말일까지 고양이의 무게는 몇 kg 늘어났나요?

**8** 전달에 비해 고양이의 무게 변화가 가장 큰 때는 언제인가요?

한솔이네 방의 온도를 5일 동안 매일 오후 2시에 조사하여 나타낸 표입니다. 물음에 답하세요. [9~11]

방의 온도

| 날짜(일) | 1 | 2 | 3 | 4 | 5 |
|---|---|---|---|---|---|
| 온도(℃) | 15.1 | 15.4 | 14.3 | 14.8 | 15.0 |

**9** 꺾은선그래프로 나타낼 때 가로와 세로 눈금에는 각각 무엇을 나타내면 좋을까요?

가로 눈금 (         )

세로 눈금 (         )

**10** 꺾은선그래프로 나타낼 때 세로 눈금 한 칸의 크기를 얼마로 나타내는 것이 가장 좋은가요?

① 0.01℃     ② 0.1℃     ③ 1℃
④ 5℃     ⑤ 10℃

**11** 표를 보고 물결선을 사용한 꺾은선그래프로 나타내 보세요.

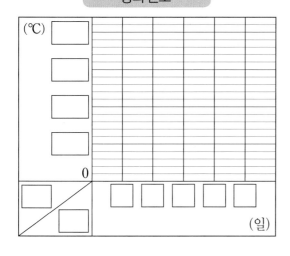

어느 마을의 인구 수를 2년마다 조사하여 백의 자리까지 나타낸 표입니다. 물음에 답하세요. [12~13]

어느 마을의 인구 수

| 연도(년) | 2019 | 2021 | 2023 | 2025 |
|---|---|---|---|---|
| 인구 수(명) | 2200 | 1400 | 2800 | 3800 |

**12** 인구의 수가 가장 많았던 해는 어느 해인가요?

**13** 표를 보고 꺾은선그래프로 나타내 보세요.

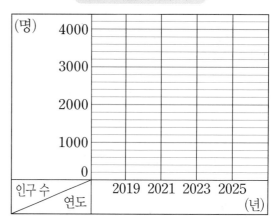

**14** 달팽이가 일정한 빠르기로 움직인 거리를 조사하여 나타낸 꺾은선그래프입니다. 달팽이가 같은 빠르기로 2분 동안 움직인 거리는 몇 cm인가요?

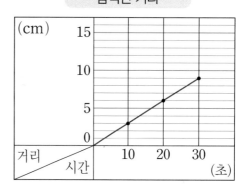

영수와 동민이의 키를 매월 1일에 조사하여 나타낸 꺾은선그래프입니다. 물음에 답하세요.
**[15~17]**

영수와 동민이의 키

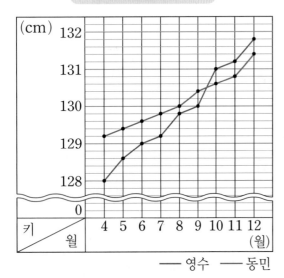

—— 영수 —— 동민

**15** 영수의 키가 동민이의 키보다 더 커지기 시작한 때는 언제쯤인가요?

**16** 두 사람의 키의 차가 가장 큰 때는 몇 월 1일이고 몇 cm 차이가 나는지 구해 보세요.

**17** 8개월 동안 키가 더 많이 자란 사람은 누구인가요?

어느 지역의 강수량을 조사하여 나타낸 꺾은선그래프입니다. 물음에 답하세요. **[18~19]**

강수량

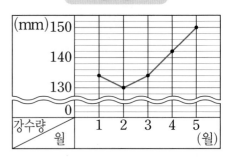

**18** 6월에는 강수량이 어떻게 변할 것으로 예상할 수 있는지 설명해 보세요.

**19** 세로 눈금 한 칸의 크기를 1 mm로 하여 그래프를 다시 그린다면 4월과 5월의 세로 눈금은 몇 칸 차이가 나겠는지 설명해 보세요.

**20** 석기네 집의 월별 전기 사용량을 조사하여 그래프로 나타내려고 합니다. 막대그래프와 꺾은선그래프 중 어떤 그래프로 나타내는 것이 더 알맞은지 쓰고, 그 이유를 설명해 보세요.

# 단원 **6** 다각형

**이번에 배울 내용**

**1** 다각형 알아보기

**2** 정다각형 알아보기

**3** 대각선 알아보기

**4** 모양 만들기와 모양 채우기

## 1 다각형 알아보기

(1) 선분으로만 둘러싸인 도형을 다각형이라고 합니다.

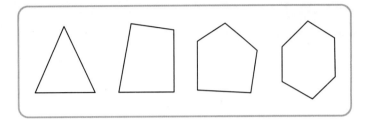

(2) 변의 수에 따른 다각형의 분류

다각형은 변의 수에 따라 변이 6개이면 육각형, 변이 7개이면 칠각형, 변이 8개이면 팔각형 등으로 부릅니다.

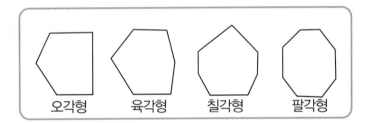

| 오각형 | 육각형 | 칠각형 | 팔각형 |

## 2 정다각형 알아보기

• 변의 길이가 모두 같고 각의 크기가 모두 같은 다각형을 정다각형이라고 합니다.

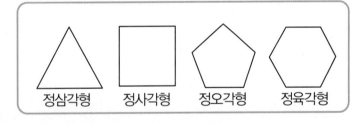

| 정삼각형 | 정사각형 | 정오각형 | 정육각형 |

• 정삼각형은 세 변의 길이가 모두 같고, 각의 크기는 60°로 모두 같습니다.

• 정사각형은 네 변의 길이가 모두 같고, 각의 크기는 90°로 모두 같습니다.

• 정오각형은 다섯 변의 길이가 모두 같고, 각의 크기는 108°로 모두 같습니다.

• 정육각형은 여섯 변의 길이가 모두 같고, 각의 크기는 120°로 모두 같습니다.

• 정■각형의 한 각의 크기 ➡ $180° \times (■-2) \div ■$

예 정육각형의 한 각의 크기 ➡ $180° \times (6-2) \div 6 = 120°$

---

### 확인문제

**1** □ 안에 알맞은 말을 써넣으세요.

선분만으로 둘러싸인 도형을 [      ]이라 하고, 변의 수에 따라 변이 5개이면 [      ], 변이 9개이면 [      ]이라고 부릅니다.

**2** 도형을 보고 물음에 답하세요.

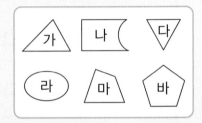

(1) 다각형을 모두 찾아 기호를 써 보세요.

(2) 오각형을 찾아 기호를 써 보세요.

**3** 다각형을 보고 물음에 답하세요.

(1) 위와 같이 변의 길이가 모두 같고 각의 크기가 모두 같은 다각형을 무엇이라고 하나요?

(2) 다각형 **마**의 이름을 써 보세요.

## 3 대각선 알아보기

- 다각형에서 선분 ㄱㄷ, 선분 ㄴㄹ과 같이 이웃하지 않은 두 꼭짓점을 이은 선분을 대각선이라고 합니다.

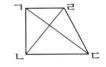

- ■각형의 대각선의 수 ➡ ■×(■−3)÷2

  예) 오각형의 대각선의 수 ➡ $5×(5−3)÷2=5$(개)

  팔각형의 대각선의 수 ➡ $8×(8−3)÷2=20$(개)

**참고**

① 두 대각선의 길이가 같은 사각형 ➡ 직사각형, 정사각형

② 두 대각선이 서로 수직으로 만나는 사각형 ➡ 마름모, 정사각형

③ 한 대각선이 다른 대각선을 반으로 나누는 사각형

➡ 평행사변형, 마름모, 직사각형, 정사각형

## 4 여러 가지 모양 만들기와 모양 채우기

- 모양 조각으로 여러 가지 모양을 만들거나 몇 가지 모양 조각을 사용하여 주어진 모양을 채울 수 있습니다.

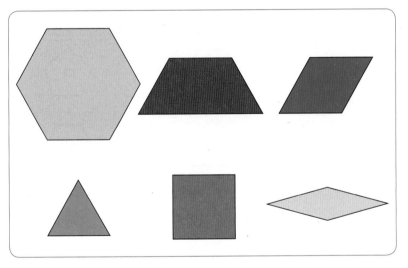

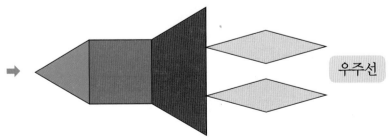

우주선

**4** 사각형 ㄱㄴㄷㄹ에서 대각선을 모두 찾아 써 보세요.

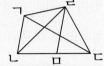

**5** 도형을 보고 물음에 답하세요.

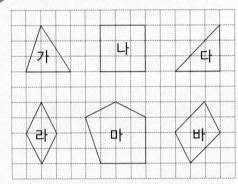

가  나  다  라  마  바

(1) 대각선을 그을 수 없는 도형을 모두 찾아 기호를 써 보세요.

(2) 두 대각선이 서로 수직으로 만나는 도형을 모두 찾아 기호를 써 보세요.

**6** 3종류의 모양 조각을 사용하여 다음 정삼각형을 채우려고 합니다. 다 채우려면 어떻게 놓아야 할지 선을 그어 나타내 보세요.

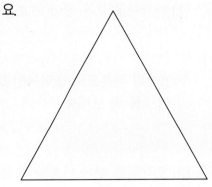

유형 1  다각형 알아보기

□ 안에 알맞은 수를 써넣으세요.
다각형의 변의 수가 □개이면 칠각형, □개
이면 팔각형이라고 부릅니다.

**1-1** 다각형이 아닌 것을 찾아 기호를 써 보세요.

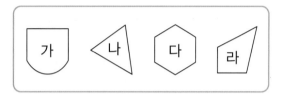

**1-2** 그림을 보고 물음에 답하세요.

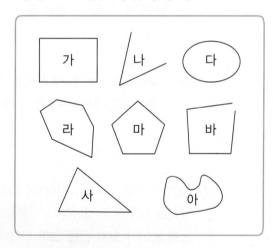

(1) 다각형을 모두 찾아 기호를 써 보세요.

(2) 6개의 선분으로 둘러싸인 도형을 찾아
기호를 써 보세요.

(3) 오각형을 찾아 기호를 써 보세요.

**1-3** 다음 도형 중 다각형이 아닌 것을 모두 찾
고, 그 이유를 써 보세요.

① ▭  ② △  ③ ◯

④ ⬠  ⑤ 〰

| 찾은 도형 |
|---|

| 이유 |
|---|

**1-4** 도형을 보고 물음에 답하세요.

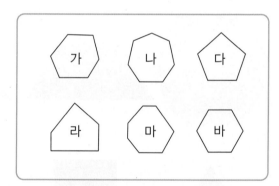

(1) 빈 곳에 알맞은 기호를 써넣으세요.

| 변이 5개인 도형 | 변이 6개인 도형 | 변이 7개인 도형 |
|---|---|---|
|  |  |  |

(2) 도형 나의 이름을 써 보세요.

(3) 도형 바의 이름을 써 보세요.

**유형 2** 정다각형 알아보기

정다각형의 이름을 써 보세요.

(1)   (2)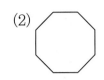

**2-1** 어떤 도형에 대한 설명인가요?

> • 9개의 선분으로 둘러싸여 있습니다.
> • 각의 크기가 모두 같습니다.
> • 변의 길이가 모두 같습니다.

**2-2** 정다각형에 대한 설명이 <u>틀린</u> 것을 모두 고르세요.

① 모든 각의 크기가 같습니다.
② 모든 변의 길이가 같습니다.
③ 원은 정다각형입니다.
④ 변의 길이에 따라 이름을 붙입니다.
⑤ 변의 수가 가장 적은 것은 정삼각형입니다.

**2-3** 도형은 정육각형입니다. ☐ 안에 알맞은 수를 써넣으세요.

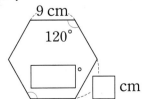

**2-4** 도형을 보고 물음에 답하세요.

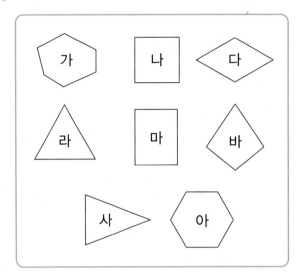

(1) 정다각형을 모두 찾아 기호를 써 보세요.

(2) 마 도형은 정다각형이 아닙니다. 그 이유를 써 보세요.

_____

_____

_____

**2-5** 다음 그림은 작은 정삼각형을 겹치지 않게 이어 붙인 것입니다. 그림에서 찾을 수 없는 도형은 어느 것인가요?

① 정삼각형  ② 평행사변형  ③ 마름모
④ 정오각형  ⑤ 정육각형

유형 **3** 　대각선 알아보기

다음은 석기가 오각형에 그은 대각선입니다. 석기가 그은 선분 중 대각선이 아닌 것의 기호를 써 보세요.

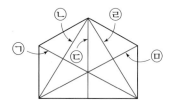

**3-1** 주어진 다각형에 대각선을 그어 보세요.

(1) 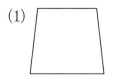 　(2)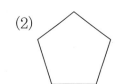

**3-2** 도형에 대각선을 모두 그어 보고 몇 개인지 써 보세요.

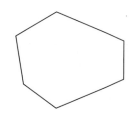

**3-3** 다음 중 대각선을 그을 수 없는 도형은 어느 것인가요?

①  　②

③  　④

⑤

**3-4** 사각형을 보고 물음에 답하세요.

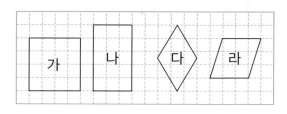

(1) 두 대각선이 서로 수직으로 만나는 사각형을 모두 찾아 기호를 써 보세요.

(2) 한 대각선이 다른 대각선을 반으로 나누는 사각형을 모두 찾아 기호를 써 보세요.

**3-5** 두 대각선의 길이가 같은 사각형을 모두 고르세요.

① 마름모　　　　② 직사각형
③ 평행사변형　　④ 정사각형
⑤ 사다리꼴

**3-6** 조건을 모두 만족하는 사각형의 이름을 써 보세요.

• 두 대각선의 길이가 같습니다.
• 두 대각선이 서로 수직으로 만납니다.

**3-7** 직사각형 ㄱㄴㄷㄹ에서 선분 ㄴㄹ의 길이는 몇 cm인가요?

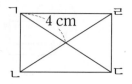

## 유형 4 모양 만들기와 모양 채우기

모양 조각을 사용하여 주어진 마름모를 만들려고 합니다. 어떻게 놓아야 할지 선을 그어 나타내 보세요.

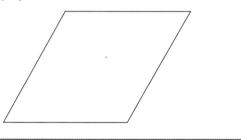

**4-1** 모양 조각을 사용하여 다음 도형을 만들려고 합니다. 어떻게 놓아야 할지 선을 그어 나타내 보세요.

육각형

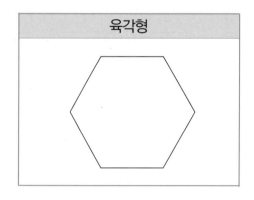

**4-2** 모양 조각을 사용하여 주어진 배 모양을 만들려고 합니다. 어떻게 놓아야 할지 선을 그어 나타내 보세요.

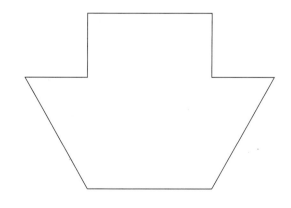

**4-3** 모양 조각을 보고 물음에 답하세요.

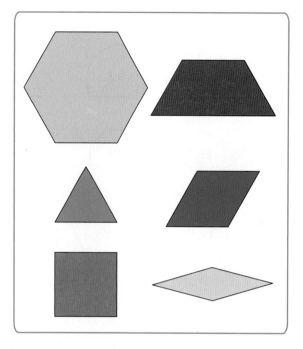

(1) 6가지의 모양 조각 중에서 변의 길이가 모두 같고 각의 크기가 모두 같은 모양 조각을 찾아 그 이름을 써 보세요.

(2) 모양 조각을 3개 또는 5개를 사용하여 주어진 모양을 만들려고 합니다. 어떻게 놓아야 할지 선을 그어 나타내 보세요.

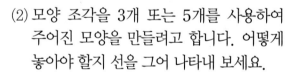
3개

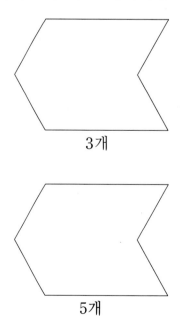
5개

도형을 보고 물음에 답하세요. [1~4]

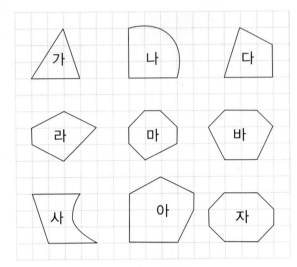

**1** 다각형인 것은 모두 몇 개인가요?

**2** 다각형이 아닌 것을 모두 찾아 기호를 쓰고, 그 이유를 써 보세요.

_____

_____

_____

_____

_____

**3** 변의 수가 가장 많은 다각형을 찾아 기호를 써 보세요.

**4** 다각형 **마**의 이름을 써 보세요.

**5** ☐ 안에 알맞은 말을 써넣으세요.

변의 길이가 모두 같고 각의 크기가 모두 같은 다각형을 [          ]이라고 합니다.

도형을 보고 물음에 답하세요. [6~8]

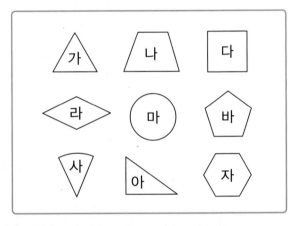

**6** 다각형인 것을 모두 찾아 기호를 써 보세요.

**7** 정다각형인 것을 모두 찾아 기호를 써 보세요.

**8** 다각형 **자**의 이름을 써 보세요.

**9** 다음 정육각형의 모든 변의 길이의 합은 84 cm입니다. 한 변의 길이는 몇 cm인가요?

 보기를 참고하여 물음에 답하세요. [10~12]

보기

오각형은 3개의 삼각형으로 나눌 수 있으므로 오각형의 다섯 각의 크기의 합은 $180° \times 3 = 540°$입니다. 따라서 정오각형의 한 각의 크기는 $540° \div 5 = 108°$입니다.

**10** 육각형의 여섯 각의 크기의 합은 몇 도인가요?

**11** 정육각형의 한 각의 크기는 몇 도인가요?

**12** 정팔각형의 한 각의 크기는 몇 도인가요?

**13** 정오각형입니다. ☐ 안에 알맞은 수를 써넣으세요.

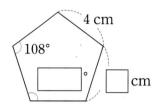

**14** 한 변의 길이가 5 cm이고, 모든 변의 길이의 합이 30 cm인 정다각형의 이름을 써 보세요.

**15** 다음 도형은 정육각형입니다. 각 ㉠의 크기를 구하세요.

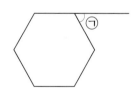

**16** 정오각형과 정육각형을 한 변이 맞닿게 붙였습니다. 각 ㉠의 크기는 몇 도인가요?

**17** 대각선이 모두 5개인 정다각형의 이름을 써 보세요.

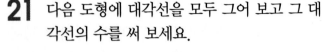

사각형을 보고 물음에 답하세요. [18~20]

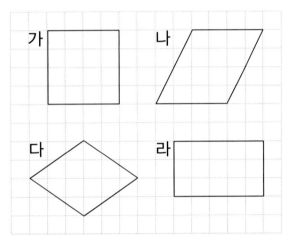

**18** 대각선을 그었을 때, 한 대각선이 다른 대각선을 반으로 나누는 사각형을 모두 찾아 기호를 써 보세요.

**19** 두 대각선이 서로 수직으로 만나는 사각형을 모두 찾아 기호를 써 보세요.

**20** 두 대각선의 길이가 같은 사각형을 모두 찾아 기호를 써 보세요.

**21** 다음 도형에 대각선을 모두 그어 보고 그 대각선의 수를 써 보세요.

(1)     (2)

보기 를 참고하여 물음에 답하세요. [22~24]

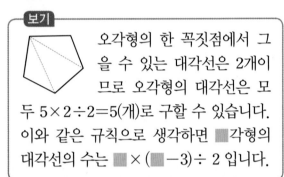

보기

오각형의 한 꼭짓점에서 그을 수 있는 대각선은 2개이므로 오각형의 대각선은 모두 $5 \times 2 \div 2 = 5$(개)로 구할 수 있습니다. 이와 같은 규칙으로 생각하면 ■각형의 대각선의 수는 ■ × (■ −3) ÷ 2 입니다.

**22** 육각형의 대각선은 모두 몇 개인가요?

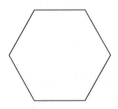

**23** 칠각형의 대각선은 모두 몇 개인가요?

**24** 정팔각형의 대각선은 모두 몇 개인가요?

**25** 한 변이 10 cm이고, 모든 변의 길이의 합이 40 cm인 정다각형이 있습니다. 이 정다각형의 대각선은 모두 몇 개인가요?

**26** 변의 길이와 내각의 크기가 모두 같고 대각선의 총 개수가 27개인 다각형의 이름을 써 보세요.

**27** 다음 중에서 대각선의 수가 가장 많은 도형부터 차례대로 기호를 써 보세요.

> ㉠ 사다리꼴  ㉡ 삼각형
> ㉢ 정오각형  ㉣ 정육각형

**28** 두 대각선의 길이가 같은 사각형을 모두 찾아 써 보세요.

> 사다리꼴, 평행사변형, 마름모
> 직사각형, 정사각형

**29** 대각선을 그었을 때, 두 대각선의 길이가 같고 서로 수직으로 만나는 사각형은 무엇인가요?

**30** 직사각형 ㄱㄴㄷㄹ에서 선분 ㄱㄷ의 길이는 몇 cm인가요?

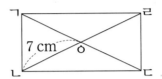

**6 단원**

마름모 ㄱㄴㄷㄹ을 보고 물음에 답하세요.
[31~32]

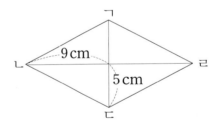

**31** 대각선 ㄱㄷ의 길이는 몇 cm인가요?

**32** 대각선 ㄴㄹ의 길이는 몇 cm인가요?

**33** 다음 설명 중 옳지 <u>않은</u> 것을 찾아 기호를 써 보세요.

> ㉠ 육각형의 대각선 개수는 9개입니다.
> ㉡ 정오각형의 대각선의 길이는 모두 같습니다.
> ㉢ 정오각형의 한 각의 크기는 108°입니다.
> ㉣ 정육각형의 대각선의 길이는 모두 같습니다.

**34** 삼각형은 대각선을 그을 수 없습니다. 그 이유를 써 보세요.

_____

_____

_____

_____

**35** 어떤 정다각형의 변의 개수가 8개입니다. 이 정다각형의 한 각의 크기는 몇 도인가요?

**36** 어떤 다각형의 모든 각의 합이 360°입니다. 이 다각형의 대각선의 개수는 모두 몇 개인가요?

정사각형 ㄱㄴㄷㄹ을 보고 물음에 답하세요.

[37~38]

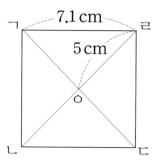

**37** 두 대각선의 길이의 합은 몇 cm인가요?

**38** 삼각형 ㄱㄴㅇ의 세 변의 길이의 합은 몇 cm인가요?

**39** 어떤 도형에 대한 설명인가요?

> • 10개의 선분으로 둘러싸여 있습니다.
> • 각의 크기가 모두 같습니다.
> • 변의 길이가 모두 같습니다.

**40** 다음 정오각형 ㄱㄴㄷㄹㅁ에서 각 ㉠의 크기는 몇 도인가요?

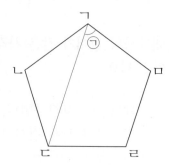

**41** 다음 6가지의 모양 조각에서 찾을 수 있는 각을 모두 구해 보세요.

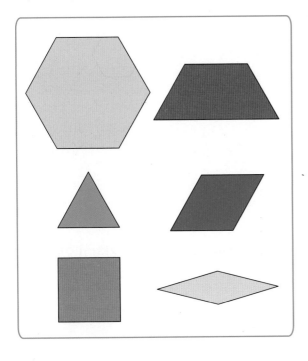

**43** 다음 모양 조각을 빠짐없이 모두 사용하여 주어진 평행사변형을 만들려고 합니다. 어떻게 놓아야 할지 선을 그어 나타내 보세요.(단, 같은 모양 조각을 여러 번 사용할 수 있습니다.)

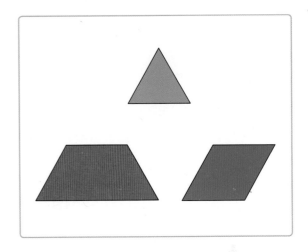

**42** 위의 모양 조각 중 한 가지의 모양 조각만 사용하여 주어진 도형을 만들 수 있는 방법은 모두 몇 가지인가요?

방법1

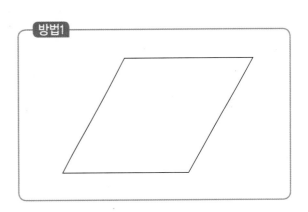

방법2

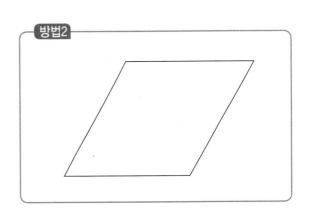

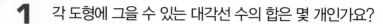

**1** 각 도형에 그을 수 있는 대각선 수의 합은 몇 개인가요?

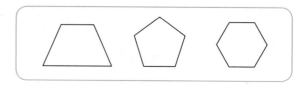

**2** 한 꼭짓점에서 그을 수 있는 대각선의 수가 4개인 다각형이 있습니다. 이 다각형의 이름을 써 보세요.

정▢각형의 한 각의 크기는 180°×(▢−2)÷▢입니다.

**3** 한 각의 크기가 120°인 정다각형이 있습니다. 이 정다각형의 대각선은 모두 몇 개인가요?

**4** 직사각형 ㄱㄴㄷㄹ에서 각 ㄴㄷㅇ의 크기를 구해 보세요.

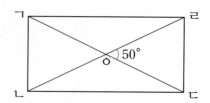

**5** 한 변의 길이가 8 cm이고, 모든 변의 길이가 40 cm인 정다각형의 한 각의 크기는 몇 도인가요?

**6** 정육각형의 한 점에서 대각선을 그은 것입니다. 각 ㉠의 크기는 몇 도인가요?

**7** 다음 직사각형 ㄱㄴㄷㄹ에서 색칠한 삼각형 ㄱㄴㅁ의 세 변의 길이의 합은 몇 cm인가요?

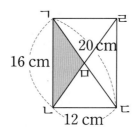

**8** 다음 그림과 같이 정육각형에서 대각선 ㄱㄴ과 대각선 ㄷㄹ이 만날 때 각 ㄹㅁㄴ의 크기를 구해 보세요.

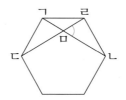

**9** 사각형 ㄱㄴㄷㄹ은 마름모입니다. 각 변의 한가운데 점을 연결하여 만든 도형의 대각선의 길이의 합을 구해 보세요.

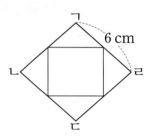

**10** 꼭짓점이 15개인 다각형이 있습니다. 이 다각형의 대각선은 모두 몇 개인가요?

**11** 변이 12개인 정다각형이 있습니다. 이 정다각형의 한 각의 크기는 몇 도인가요?

다각형의 꼭짓점의 수는 한 꼭짓점에서 그을 수 있는 대각선 수보다 3개 더 많습니다.

**12** 한 꼭짓점에서 그을 수 있는 대각선의 수가 5개인 다각형에서 그을 수 있는 대각선은 모두 몇 개인가요?

**13** 그림과 같이 정사각형 모양의 종이 2장을 4겹으로 접어서 점 ㉮에서 점 ㉯, 점 ㉮에서 점 ㉰까지 자른 후 펼치면 각각 어떤 도형이 되나요?

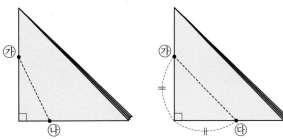

**6**
단원

**14** 다음 그림과 같이 정오각형과 정팔각형을 한 변이 맞닿도록 그린 후, 정오각형과 정팔각형의 각 변의 연장선을 그어 만나도록 그렸습니다. 이때 ㉠, ㉡, ㉢, ㉣의 각의 크기를 각각 구해 보세요.

정오각형과 정팔각형의 한 각의 크기를 먼저 구해봅니다.

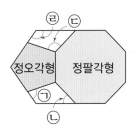

**15** 모양 조각을 사용하여 다음 모양을 만들려고 합니다. 어떻게 놓아야 할지 선을 그어 나타내 보세요.

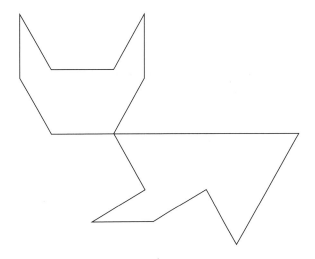

**01** 정육각형입니다. 각 ㉠의 크기를 구해 보세요.

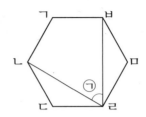

**02** 마름모입니다. ☐ 안에 알맞은 수를 써넣으세요.

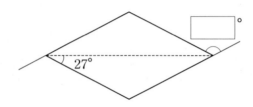

**03** 직사각형 ㄱㄴㄷㄹ의 가로가 11 cm일 때 대각선의 길이를 구해 보세요.

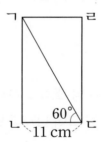

**04** 대각선의 수가 54개인 다각형의 이름을 써 보세요.

**05**

대각선이 다음과 같이 수직으로 만나는 도형의 네 변의 길이의 합을 구해 보세요.

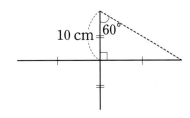

**06**

변의 수가 □개인 다각형의 대각선의 수는 □×(□−3)÷2입니다.

대각선이 20개인 정다각형이 있습니다. 이 정다각형의 한 각의 크기는 몇 도인가요?

**6**
단원

**07**

정오각형의 한 각의 크기를 먼저 구해 봅니다.

도형 ㄱㄴㄷㄹㅁ은 정오각형입니다. ㉠, ㉡, ㉢, ㉣, ㉤의 크기를 모두 더하면 몇 도인가요?

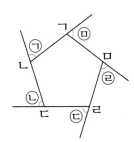

**08**

어떤 정다각형의 일부와 직선이 만나서 이루는 각도를 나타낸 것입니다. 이 정다각형의 이름을 써 보세요.

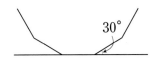

## step 5 응용 실력높이기

**09**

다각형은 선분으로만 둘러싸인 도형입니다.

그림에서 찾을 수 있는 크고 작은 다각형은 모두 몇 개인가요?

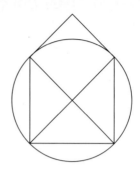

**10**

(정■각형에서 한 각의 크기)
$= (■-2) \times 180 \div ■$

정팔각형에서 각 ㉠의 크기를 구해 보세요.

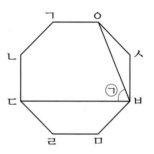

**11**

먼저 정사각형과 정오각형은 한 각의 크기를 알아봅니다.

도형과 같이 정사각형과 정오각형을 변끼리 이어 붙인 후 두 꼭지점을 선분으로 이었을 때 각 ㉠과 각 ㉡의 크기의 합을 구해 보세요.

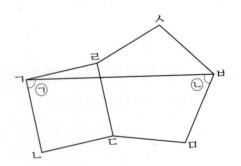

**12**

정오각형의 한 각의 크기를 먼저 알아봅니다.

정오각형에서 각 ㉠과 각 ㉡의 크기의 차를 구해 보세요.

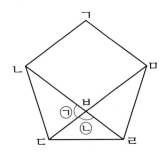

**13**

정육각형의 변 ㄱㅂ과 대각선 ㄱㄷ의 길이의 합이 50 cm라고 할 때 정육각형의 모든 대각선의 길이의 합은 몇 cm인가요?

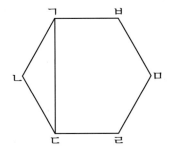

**14**

주어진 모양 조각으로 다음 모양을 채우려고 합니다. 어떻게 놓아야 할지 선을 그어 나타내 보세요.

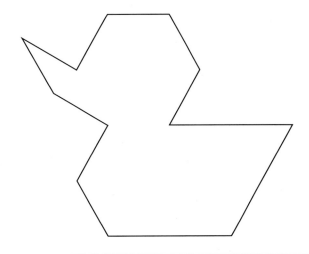

정육각형 모양 조각 2개, 마름모 모양 조각 1개
정삼각형 모양 조각 5개

# 단원평가

도형을 보고 물음에 답하세요. [1~4]

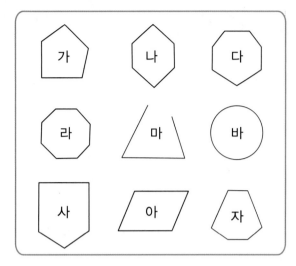

**1** 다각형은 모두 몇 개인가요?

**2** 다각형이 아닌 것을 모두 찾고, 그 이유를 써 보세요.

_____

_____

_____

_____

**3** 육각형을 모두 찾아 기호를 써 보세요.

**4** 도형 **라**의 이름을 써 보세요.

도형을 보고 물음에 답하세요. [5~8]

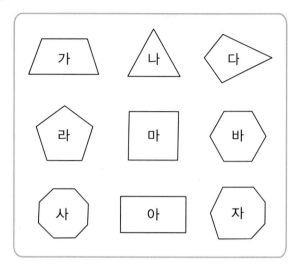

**5** 정다각형을 모두 찾아 기호를 써 보세요.

**6** 도형 **사**의 이름을 써 보세요.

**7** 대각선을 그을 수 없는 도형을 찾아 기호를 써 보세요.

**8** 도형 **바**에서 그을 수 있는 대각선은 모두 몇 개인가요?

**9** 두 대각선의 길이가 같고, 서로 수직으로 만나는 사각형은 어느 것인가요?

①
②
③
④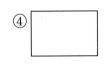
⑤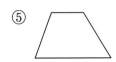

**10** 각 도형에 그을 수 있는 대각선 수의 합은 몇 개인가요?

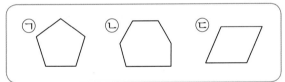

**11** 도형에 그을 수 있는 대각선은 모두 몇 개인가요?

**12** 정다각형 중 평행한 변이 없는 도형을 모두 고르세요.

① 정육각형        ② 정사각형
③ 정오각형        ④ 정삼각형
⑤ 정팔각형

**13** 정십각형의 모든 각의 크기의 합은 1440°입니다. 정십각형의 한 각의 크기는 몇 도인가요?

**14** 그림은 작은 정삼각형을 겹치지 않게 이어 붙여서 만든 것입니다. 그림에서 찾을 수 있는 정육각형은 모두 몇 개인가요?

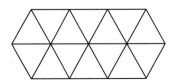

**15** 다음 중 두 대각선의 길이가 같고, 네 변의 길이가 모두 같은 사각형을 찾아 써 보세요.

평행사변형, 사다리꼴, 마름모, 정사각형, 직사각형

모양 조각을 사용하여 다음 모양을 만들려고 합니다. 어떻게 놓아야 할지 선을 그어 나타내 보세요. [16~17]

**16**

**17**

**18** 다음 도형은 정다각형인가요? 그렇게 생각한 이유를 설명해 보세요.

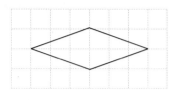

**19** 정오각형의 한 각의 크기를 구하고 구한 방법을 설명해 보세요.

**20** 구각형의 대각선은 모두 몇 개인지 구하고 구한 방법을 설명해 보세요.

# Memo

Memo

상위권 도약을 위한
길라잡이

# 왕수학

실력편

# 정답과 풀이

# 4-2

(주)에듀왕

# 정답과 풀이

1 분수의 덧셈과 뺄셈 ……… 2쪽

2 삼각형 ……………………… 9쪽

3 소수의 덧셈과 뺄셈 ……… 16쪽

4 사각형 ……………………… 24쪽

5 꺾은선그래프 ……………… 32쪽

6 다각형 ……………………… 38쪽

4-2

# 정답과 풀이

## 1. 분수의 덧셈과 뺄셈

**step 1 개념 확인하기**  6~7쪽

**1** 1, 5, 4, 5  **2** 9, 1, 3
**3** 2, 7, 4, 7  **4** 4, 4, 4
**5** 1, 3, 3, 5, 3, 5
**6** 1, 4, 2, 9, 2, 1, 2, 3, 2
**7** 2, 2, 3, 3, 3, 3  **8** (1) 6, 2, 1  (2) 4, 2, 5
**9** 12, 1, 12, 2, 7, 2, 7

**step 2 기본유형익히기**  8~13쪽

**유형1** (1) 예
(2) $\dfrac{7}{8}$

**1-1** 2, 3, 5, 5, 7
**1-2** (1) $\dfrac{3}{5}$  (2) $\dfrac{9}{11}$  (3) $\dfrac{6}{9}$  (4) $\dfrac{11}{15}$
**1-3** >
**1-4** $\dfrac{9}{10}$시간
**유형2** (1) 5, 11, 1, 4  (2) 9, 13, 1, 1
**2-1** (1) $1\dfrac{5}{9}$  (2) $1\dfrac{6}{12}$
**2-2** $1\dfrac{2}{15}$
**2-3** $1\dfrac{3}{10}$, $1\dfrac{1}{10}$, $1\dfrac{5}{10}$, $1\dfrac{3}{10}$
**2-4** $1\dfrac{2}{5}$개
**유형3** 4, 2, 2
**3-1** 9, 5, 4, 4, 11
**3-2** (1) $\dfrac{3}{7}$  (2) $\dfrac{2}{10}$
**3-3** $\dfrac{14}{17}$, $\dfrac{8}{17}$
**3-4** $\dfrac{4}{8}$m
**유형4** 5, 1, 5, 1, 4

**4-1** 8, 5, 3, 3, 8
**4-2** (1) $\dfrac{4}{7}$  (2) $\dfrac{5}{9}$  (3) $\dfrac{7}{12}$  (4) $\dfrac{7}{15}$
**4-3** 5, 5, 3, 5, 2, 5
**4-4** $\dfrac{2}{6}$
**유형5** $1\dfrac{3}{5}$, $1\dfrac{1}{5}$, 2, 4, 5
**5-1** 2, 1, 3, 1, 3, 4, 3, 4
**5-2** (1) $7\dfrac{2}{15}$  (2) $18\dfrac{16}{20}$
**5-3** ©, ㉠, ㉡
**5-4** $2\dfrac{4}{5}$ km
**유형6** 8, 8, 10, 8, 1, 1, 9, 1
**6-1** (1) $3\dfrac{5}{10}$  (2) $5\dfrac{3}{11}$
**6-2** $2\dfrac{3}{9}$, $4\dfrac{4}{9}$
**6-3** ©
**6-4** $6\dfrac{2}{5}$ m
**유형7** 2, 3, 4, 4, 4, 4
**7-1** (1) 1, 5, 1, 4, 1, 4  (2) 29, 11, 18, 2, 2  (3) 7, 2, 5, 5
**7-2** (1) $1\dfrac{3}{5}$  (2) $3\dfrac{1}{8}$  (3) $3\dfrac{2}{3}$  (4) $10\dfrac{5}{9}$
**7-3** >
**7-4** (1) $5\dfrac{5}{11}$  (2) $4\dfrac{2}{7}$
**7-5** $3\dfrac{1}{5}$
**7-6** $3\dfrac{2}{10}$ kg
**7-7** 대추나무, $2\dfrac{1}{8}$ m
**유형8** 1, 5
**8-1** (1) 5, 5, 1  (2) 4, 3, 1  (3) 16, 11, 5, 1, 1
**8-2** 방법1 2, 4, 2, 3, 5  방법2 35, 26, 3, 5
**8-3** ©, ©
**8-4** (1) $1\dfrac{1}{8}$  (2) $3\dfrac{5}{9}$
**8-5** $7\dfrac{2}{7}$
**8-6** >
**8-7** $\dfrac{9}{10}$ L

**유형9** 1, 5, 6

**9-1** 1, 3, 5

**9-2** (1) 2, 3, 2, 2  (2) 3, 1, 3, 1, 2, 4, 2, 4
  (3) 27, 15, 12, 1, 4

**9-3** $1\frac{5}{11}$

**9-4** (1) $\frac{2}{5}$  (2) $4\frac{7}{10}$

**9-5** $1\frac{3}{6}$, $\frac{8}{12}$

**9-6** $2\frac{12}{16}$ m

**9-7** >

**9-8** $2\frac{6}{8}$ kg

---

**1-4** $\frac{5}{10}+\frac{4}{10}=\frac{9}{10}$ (시간)

**2-2** $\frac{13}{15}+\frac{4}{15}=\frac{17}{15}=1\frac{2}{15}$

**2-4** $\frac{3}{5}+\frac{4}{5}=\frac{7}{5}=1\frac{2}{5}$ (개)

**3-4** $\frac{7}{8}-\frac{3}{8}=\frac{4}{8}$ (m)

**4-4** $\frac{4}{6}-\frac{2}{6}=\frac{2}{6}$

**5-3** ㉠: $9\frac{6}{9}$, ㉡: $8\frac{8}{9}$, ㉢: $10\frac{6}{9}$

**5-4** $1\frac{2}{5}+1\frac{2}{5}=2\frac{4}{5}$ (km)

**6-2** $\frac{7}{9}+1\frac{5}{9}=2\frac{3}{9}$, $2\frac{8}{9}+1\frac{5}{9}=3\frac{13}{9}=4\frac{4}{9}$

**6-3** ㉠ $7\frac{2}{16}$  ㉡ $7\frac{3}{16}$

**6-4** $3\frac{4}{5}+2\frac{3}{5}=6\frac{2}{5}$ (m)

**7-4** (1) $5\frac{7}{11}-\frac{2}{11}=5\frac{5}{11}$  (2) $6\frac{5}{7}-2\frac{3}{7}=4\frac{2}{7}$

**7-5** $\frac{12}{5}=2\frac{2}{5}$ 이므로 가장 작은 수입니다.
  $5\frac{3}{5}-2\frac{2}{5}=3\frac{1}{5}$

**7-6** $3\frac{9}{10}-\frac{7}{10}=3+\left(\frac{9}{10}-\frac{7}{10}\right)=3\frac{2}{10}$ (kg)

**7-7** $1\frac{5}{8}<3\frac{6}{8}$ 이므로 대추나무가
  $3\frac{6}{8}-1\frac{5}{8}=2\frac{1}{8}$ (m) 더 높습니다.

**8-3** ㉠ $2\frac{1}{2}$, ㉡ $4\frac{1}{10}$, ㉢ $3\frac{1}{8}$

**8-4** (2) $5-1\frac{4}{9}=4\frac{9}{9}-1\frac{4}{9}=(4-1)+\left(\frac{9}{9}-\frac{4}{9}\right)$
  $=3+\frac{5}{9}=3\frac{5}{9}$

**8-6** $4-1\frac{3}{12}=2\frac{9}{12}$, $3-\frac{7}{12}=2\frac{5}{12}$

**8-7** (남는 음료수의 양)$=2-1\frac{1}{10}=\frac{9}{10}$ (L)

**9-3** $2\frac{3}{11}-\frac{9}{11}=1\frac{14}{11}-\frac{9}{11}$
  $=1+\left(\frac{14}{11}-\frac{9}{11}\right)=1\frac{5}{11}$

**9-4** (2) $7\frac{3}{10}-2\frac{6}{10}=6\frac{13}{10}-2\frac{6}{10}$
  $=(6-2)+\left(\frac{13}{10}-\frac{6}{10}\right)$
  $=4\frac{7}{10}$

**9-5** $5\frac{2}{6}-3\frac{5}{6}=4\frac{8}{6}-3\frac{5}{6}=1\frac{3}{6}$
  $8\frac{6}{12}-7\frac{10}{12}=7\frac{18}{12}-7\frac{10}{12}=\frac{8}{12}$

**9-6** $4\frac{9}{16}-1\frac{13}{16}=3\frac{25}{16}-1\frac{13}{16}=2\frac{12}{16}$ (m)

**9-7** $3\frac{8}{9}-\frac{2}{9}=3\frac{6}{9}$, $4\frac{1}{9}-\frac{8}{9}=3\frac{10}{9}-\frac{8}{9}=3\frac{2}{9}$

**9-8** $4\frac{5}{8}-1\frac{7}{8}=3\frac{13}{8}-1\frac{7}{8}=2\frac{6}{8}$ (kg)

---

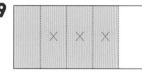
**step 3 기본유형 다지기**  14~19쪽

**1** 14개   **2** 2, 6, 7, 6, 1, 1, 6

**3** 7, 6, 13 ⇨ 7, 6, 13, 1, 5

**4** (1) 3  (2) 8

**5** (1) $1\frac{4}{9}$  (2) $1\frac{8}{15}$   **6** 1, 2, 3, 4, 5, 6

**7** $1\frac{4}{20}$ km   **8** $\frac{15}{24}$

**9**

|  |  |  |  |  |
|---|---|---|---|---|
|  | × | × | × |  |

, 1, 5

**10** 10, 10, 6, 4 ⇨ 10, 6, 10, 6, 4

**11** (1) $\frac{4}{7}$  (2) $\frac{6}{18}$  (3) $\frac{13}{20}$

**12** $\frac{5}{9}$, $\frac{3}{9}$   **13** ㉡

**14** $\frac{1}{4}$ L   **15** $1\frac{2}{4}$, $\frac{3}{4}$, 2, 1, 4

**16** $5\frac{12}{13}$   **17** $4\frac{1}{9}$

**18** ✕   **19** $2\frac{13}{16}$

**20** ㉡, ㉢

1. 분수의 덧셈과 뺄셈 • **3**

**21** (1) $15\frac{3}{5}$ (2) $10\frac{2}{9}$ (3) $7\frac{2}{11}$

**22** $8\frac{2}{7}$

**23** (1) 4, 1, 5, 2, 3, 3, 3, 3

(2) 17, 7, 17, 7, 10, 1, 4

**24** (1) $4\frac{4}{9}$ (2) $8\frac{5}{15}$  **25** 2개, $\frac{3}{8}$ kg

**26** 3, 9, 3, 9, 1, 2, 8  **27** 12, 7, 5 ⇨ 12, 7, 5

**28** (1) $2\frac{4}{7}$ (2) $1\frac{3}{8}$ (3) $2\frac{7}{9}$

**29** 2, 4

**30** 6, 7, 4, 6, 4, 3, 2, 3, 2

**31** 21, 11, 10 ⇨ 10, 2, 2

**32** (1) $\frac{2}{6}$ (2) $2\frac{5}{7}$ (3) $3\frac{2}{8}$

**33** 2, 6  **34** ㄹ, ㄱ, ㄴ, ㄷ

**35** 33  **36** $8\frac{2}{6}$

**37** $88\frac{4}{5}$ L  **38** 지혜

**39** $3\frac{3}{8}$ km  **40** $2\frac{3}{7}$

**41** $5\frac{1}{11}$  **42** $\frac{3}{5}$, $1\frac{3}{5}$

**43** $\frac{7}{8}$  **44** >

**45** $\frac{3}{15}$  **46** $66\frac{5}{8}$ kg

**47** $3\frac{5}{10}$ cm  **48** 3 m

**1** $\frac{8}{15}+\frac{6}{15}=\frac{8+6}{15}=\frac{14}{15}$ 이므로 $\frac{14}{15}$ 는 $\frac{1}{15}$ 이 14개인 수입니다.

**4** (1) □+2=5 ⇨ □=3

(2) $1\frac{3}{12}=\frac{15}{12}$, 7+□=15 ⇨ □=8

**6** $1\frac{2}{8}=\frac{10}{8}$ 이므로 3+□는 10보다 작아야 합니다. 따라서 □ 안에 들어갈 수 있는 수는 1, 2, 3, 4, 5, 6입니다.

**7** $\frac{11}{20}+\frac{13}{20}=\frac{24}{20}=1\frac{4}{20}$ (km)

**8** 하루는 24시간이므로 가영이가 공부한 시간은 하루의 $\frac{6}{24}$ 이고, 잠을 잔 시간은 하루의 $\frac{9}{24}$ 입니다.

따라서 가영이가 공부한 시간과 잠을 잔 시간은 하루의 $\frac{6}{24}+\frac{9}{24}=\frac{15}{24}$ 입니다.

**12** 분자끼리의 합이 8, 차가 2이므로 분자는 5와 3입

니다.

**13** ㄱ, ㄷ, ㄹ : $\frac{6}{25}$, ㄴ : $\frac{7}{25}$

**14** 어제 마시고 남은 주스: $1-\frac{1}{4}=\frac{3}{4}$ (L)

오늘 마시고 남은 주스: $\frac{3}{4}-\frac{2}{4}=\frac{1}{4}$ (L)

**16** $5\frac{4}{13}+\frac{8}{13}=5+(\frac{4}{13}+\frac{8}{13})=5\frac{12}{13}$

**17** $3\frac{7}{9}+\frac{3}{9}=3+(\frac{7}{9}+\frac{3}{9})=3+1\frac{1}{9}=4\frac{1}{9}$

**19** $2\frac{9}{16}>1\frac{11}{16}>\frac{4}{16}$ 이므로 가장 큰 수와 가장 작은 수의 합은 $2\frac{9}{16}+\frac{4}{16}=2\frac{13}{16}$ 입니다.

**20** ㄱ $4\frac{6}{8}$  ㄴ $3\frac{4}{5}$  ㄷ $4\frac{1}{4}$  ㄹ $3\frac{2}{6}$

**22** 작은 눈금 한 칸의 크기는 $\frac{1}{7}$ 이므로 ㄱ은 $3\frac{4}{7}$, ㄴ은 $4\frac{5}{7}$ 입니다. ⇨ ㄱ+ㄴ=$3\frac{4}{7}+4\frac{5}{7}=8\frac{2}{7}$

**25** $2\frac{5}{8}-1\frac{1}{8}=1\frac{4}{8}$, $1\frac{4}{8}-1\frac{1}{8}=\frac{3}{8}$ 이므로 빵 2개를 만들고 $\frac{3}{8}$ kg이 남습니다.

**29** 뺄셈식에서 계산 결과가 가장 크려면 빼는 수는 가장 작아야 합니다.

**33** 계산 결과가 가장 작으려면 빼지는 수는 가장 작게 하고 빼는 수는 가장 크게 해야 합니다.

**34** ㄱ $6\frac{7}{10}$  ㄴ $6\frac{4}{10}$  ㄷ $6\frac{2}{10}$  ㄹ $7\frac{1}{10}$

**35** $5\frac{1}{4}+3\frac{1}{4}=(5+3)+(\frac{1}{4}+\frac{1}{4})=8\frac{2}{4}=\frac{34}{4}$ 이므로 분자끼리 비교하면 34>□입니다. 따라서 □ 안에 들어갈 수 있는 가장 큰 자연수는 33입니다.

**36** $3\frac{5}{6}+2\frac{4}{6}=5\frac{9}{6}=6\frac{3}{6}$

□-$1\frac{5}{6}=6\frac{3}{6}$ ⇨ □=$6\frac{3}{6}+1\frac{5}{6}=7\frac{8}{6}=8\frac{2}{6}$

**37** $55\frac{2}{5}+33\frac{2}{5}=(55+33)+(\frac{2}{5}+\frac{2}{5})$

$=88+\frac{4}{5}=88\frac{4}{5}$ (L)

**38** 지혜: $\frac{12}{20}-\frac{7}{20}=\frac{5}{20}$ (m)

예슬: $2\frac{5}{20}-1\frac{10}{20}=1\frac{25}{20}-1\frac{10}{20}=\frac{15}{20}$ (m)

$\frac{5}{20}<\frac{15}{20}$ 이므로 사용하고 남은 끈은 지혜의 것이 더 깁니다.

**39** $5-1\dfrac{5}{8}=4\dfrac{8}{8}-1\dfrac{5}{8}=3\dfrac{3}{8}$ (km)

**40** 가장 큰 수: 6, 가장 작은 수: $3\dfrac{4}{7}$

$\Rightarrow 6-3\dfrac{4}{7}=5\dfrac{7}{7}-3\dfrac{4}{7}=2\dfrac{3}{7}$

**41** 어떤 수를 □라 하면 □$-\dfrac{7}{11}=4\dfrac{5}{11}$입니다.

따라서 □$=4\dfrac{5}{11}+\dfrac{7}{11}=4\dfrac{12}{11}=5\dfrac{1}{11}$입니다.

**42** $1\dfrac{2}{5}-\dfrac{4}{5}=\dfrac{7}{5}-\dfrac{4}{5}=\dfrac{3}{5}$

$\dfrac{3}{5}+$□$=2\dfrac{1}{5}$, □$=2\dfrac{1}{5}-\dfrac{3}{5}=1\dfrac{6}{5}-\dfrac{3}{5}=1\dfrac{3}{5}$

**43** 가장 작은 대분수: $1\dfrac{4}{8}$, 가장 큰 진분수: $\dfrac{5}{8}$

$\Rightarrow 1\dfrac{4}{8}-\dfrac{5}{8}=\dfrac{12}{8}-\dfrac{5}{8}=\dfrac{7}{8}$

**44** $9\dfrac{3}{10}-5\dfrac{4}{10}+2\dfrac{5}{10}=6\dfrac{4}{10}$,

$10\dfrac{9}{10}-2\dfrac{6}{10}-2\dfrac{5}{10}=5\dfrac{8}{10}$

**45** 무와 상추를 심은 밭은 전체의 $\dfrac{5}{15}+\dfrac{7}{15}=\dfrac{12}{15}$입니다.

따라서 배추를 심은 밭은 전체의 $1-\dfrac{12}{15}=\dfrac{3}{15}$입니다.

**46** (동생의 몸무게)

$35\dfrac{1}{8}-3\dfrac{5}{8}=34\dfrac{9}{8}-3\dfrac{5}{8}=31\dfrac{4}{8}$ (kg)

(두 사람의 몸무게 합)$=35\dfrac{1}{8}+31\dfrac{4}{8}=66\dfrac{5}{8}$ (kg)

**47** (변 ㄴㄷ)$=8\dfrac{1}{10}-\left(2\dfrac{3}{10}+2\dfrac{3}{10}\right)$

$=8\dfrac{1}{10}-4\dfrac{6}{10}=3\dfrac{5}{10}$ (cm)

**48** (이어 붙인 색 테이프 전체 길이)

$=$(색 테이프 2장의 길이의 합)$-$(겹쳐진 부분의 길이)

$=1\dfrac{3}{5}+1\dfrac{4}{5}-\dfrac{2}{5}=3\dfrac{2}{5}-\dfrac{2}{5}=3$ (m)

---

**step 4 응용실력기르기** 　　20~23쪽

| | |
|---|---|
| **1** $4\dfrac{3}{10}$ L | **2** $26\dfrac{2}{8}$ kg |
| **3** $26\dfrac{11}{20}$ L | **4** 오전 7시 53분 |
| **5** ㉢, ㉡, ㉠ | **6** 도서관, $\dfrac{2}{8}$ km |
| **7** 4가지 | **8** $13\dfrac{8}{12}$ |

---

**9** $29\dfrac{1}{5}$ cm　　　　**10** $5\dfrac{8}{15}$

**11** $1\dfrac{6}{7}$　　　　　　**12** 15

**13** 뺄셈식: $9\dfrac{5}{8}-3\dfrac{4}{8}=6\dfrac{1}{8}$, 답: $6\dfrac{1}{8}$

**14** 10개　　　　　　**15** $17\dfrac{3}{8}$ km

**16** $125\dfrac{7}{8}$ L

---

**1** $1\dfrac{6}{10}$ L인 그릇으로 가득 2번 덜어 내면 모두

$1\dfrac{6}{10}+1\dfrac{6}{10}=2\dfrac{12}{10}=3\dfrac{2}{10}$ (L)를 덜어 냅니다.

따라서 남은 물은 $7\dfrac{5}{10}-3\dfrac{2}{10}=4\dfrac{3}{10}$ (L)입니다.

**2** $8\dfrac{6}{8}+8\dfrac{6}{8}+8\dfrac{6}{8}=24\dfrac{18}{8}=26\dfrac{2}{8}$ (kg)

**3** (검은색 페인트)$=12\dfrac{9}{20}+1\dfrac{13}{20}=14\dfrac{2}{20}$ (L)이

므로 페인트는 모두 $12\dfrac{9}{20}+14\dfrac{2}{20}=26\dfrac{11}{20}$ (L)

입니다.

**4** 1일 오전 8시부터 4일 오전 8시까지는 3일이 지난 것입니다.

시계는 3일 동안 모두

$2\dfrac{3}{9}+2\dfrac{3}{9}+2\dfrac{3}{9}=6\dfrac{9}{9}=7$(분)이 늦어졌으므로

4일 오전 8시에 시계가 가리키는 시각은

오전 8시$-$7분$=$오전 7시 53분입니다.

**5** ㉠ $2\dfrac{6}{9}$　　㉡ $2\dfrac{7}{9}$　　㉢ $3\dfrac{1}{9}$

**6** (약국을 지나 가는 거리)

$=2\dfrac{2}{8}+2\dfrac{3}{8}=4\dfrac{5}{8}$ (km)

(도서관을 지나 가는 거리)

$=1\dfrac{1}{8}+3\dfrac{2}{8}=4\dfrac{3}{8}$ (km)

$4\dfrac{5}{8}>4\dfrac{3}{8}$이므로 도서관을 지나 가는 길이

$4\dfrac{5}{8}-4\dfrac{3}{8}=\dfrac{2}{8}$ (km) 더 가깝습니다.

**7** $2=\dfrac{10}{5}$이므로 (♥, ★)은 (9, 1), (8, 2), (7, 3),

(6, 4)로 모두 4가지입니다.

**8** 어떤 수를 □라 하면 □$-1\dfrac{7}{12}=10\dfrac{6}{12}$,

□$=10\dfrac{6}{12}+1\dfrac{7}{12}=11\dfrac{13}{12}=12\dfrac{1}{12}$입니다.

따라서 바르게 계산하면 $12\dfrac{1}{12}+1\dfrac{7}{12}=13\dfrac{8}{12}$입

니다.

**9** 색 테이프 3장의 길이의 합은
$10+10+10=30(cm)$입니다.
겹쳐진 부분은 2군데이므로 겹쳐진 부분의 길이의
합은 $\frac{2}{5}+\frac{2}{5}=\frac{4}{5}(cm)$입니다.
따라서 이어 붙인 색 테이프 전체 길이는
$30-\frac{4}{5}=29\frac{5}{5}-\frac{4}{5}=29\frac{1}{5}(cm)$입니다.

**10** 작은 대분수를 □라 하면 큰 대분수는
$□+3\frac{5}{15}$이므로 $□+□+3\frac{5}{15}=7\frac{11}{15}$에서
$□+□=7\frac{11}{15}-3\frac{5}{15}=4\frac{6}{15}$입니다.
따라서 $□=2\frac{3}{15}$이므로
큰 대분수는 $2\frac{3}{15}+3\frac{5}{15}=5\frac{8}{15}$입니다.

**11** $3\frac{1}{7}-(\frac{6}{7}+\frac{3}{7})=3\frac{1}{7}-\frac{9}{7}=3\frac{1}{7}-1\frac{2}{7}$
$=2\frac{8}{7}-1\frac{2}{7}=1\frac{6}{7}$

**12** ㉮가 될 수 있는 수 중 가장 큰 수는 8이고 이때 ㉯는
7입니다. 따라서 ㉮+㉯가 가장 클 때의 값은
$8+7=15$입니다.

**13** 두 대분수의 차가 가장 크려면 가장 큰 수와 가장 작
은 수를 만들어야 합니다. 8이 2장 있으므로 8을 분
모로 하는 대분수를 만듭니다. 숫자 카드 8을 제외한
4, 3, 5, 9를 가지고 $□\frac{□}{8}$를 만들 때, 가장 큰 수는
$9\frac{5}{8}$, 가장 작은 수는 $3\frac{4}{8}$입니다. 따라서 차가 가장
큰 뺄셈식은 $9\frac{5}{8}-3\frac{4}{8}=6\frac{1}{8}$입니다.

**14** $3\frac{2}{9}+2\frac{1}{9}=5\frac{3}{9}=\frac{48}{9}$,
$7\frac{8}{9}-1\frac{3}{9}=6\frac{5}{9}=\frac{59}{9}$ ⇨ $\frac{48}{9}<\frac{□}{9}<\frac{59}{9}$
따라서 □안에 들어갈 수 있는 자연수는 49, 50,
51, 52, 53, 54, 55, 56, 57, 58로 모두 10개입니
다.

**15** $(㉠\sim㉡)=(㉠\sim㉢)-(㉡\sim㉢)$
$=12\frac{1}{8}-4\frac{5}{8}=11\frac{9}{8}-4\frac{5}{8}=7\frac{4}{8}(km)$
⇨ $(㉠\sim㉢)=(㉠\sim㉡)+(㉡\sim㉣)+(㉣\sim㉤)$
$=7\frac{4}{8}+6\frac{3}{8}+3\frac{4}{8}$
$=13\frac{7}{8}+3\frac{4}{8}=16\frac{11}{8}=17\frac{3}{8}(km)$

**16** $\frac{1}{3}+\frac{1}{3}+\frac{1}{3}=1$이므로 가 수도로 1시간 동안 받
을 수 있는 물의 양은
$21\frac{5}{8}+21\frac{5}{8}+21\frac{5}{8}=63\frac{15}{8}=64\frac{7}{8}(L)$입니
다.
$\frac{1}{2}+\frac{1}{2}=1$이므로 나 수도로 1시간 동안 받을 수
있는 물의 양은 $30\frac{3}{6}+30\frac{3}{6}=60\frac{6}{6}=61(L)$입
니다. 따라서 두 수도로 1시간 동안 받을 수 있는 물
의 양은 $64\frac{7}{8}+61=125\frac{7}{8}(L)$입니다.

### step 5 응용실력 높이기 24~27쪽

**1** 6, 7
**2** $7\frac{11}{12}$
**3** (1) 2, 5, 3, 9 또는 3, 9, 2, 5
  (2) 2, 9, 3, 5 또는 3, 5, 2, 9
**4** 33
**5** 1
**6** 11
**7** $5\frac{7}{8}$
**8** 210쪽
**9** 1, 9, 2, 10, 3, 11
**10** ♥=8, ★=6, ▲=4
**11** $5\frac{5}{8}$ cm
**12** $9\frac{3}{5}$ cm
**13** $1\frac{3}{8}$ m
**14** $2\frac{3}{4}$ kg

**1** $7\frac{1}{8}=6\frac{9}{8}$이므로 첫 번째 식의 □ 안에 들어갈 수
있는 수는 1부터 7까지의 수이고, $5\frac{1}{9}=4\frac{10}{9}$이므
로 두 번째 식의 □ 안에 들어갈 수 있는 수는 6, 7,
8입니다. 따라서 공통으로 들어갈 수 있는 수는 6, 7
입니다.

**2** 분수의 뺄셈식에서 앞의 분수와 뒤의 분수는 자연수
와 진분수의 분모, 분자가 1씩 커지는 규칙입니다.
그러므로 10번째 뺄셈식은 $17\frac{10}{12}-9\frac{11}{12}$이 되고
$17\frac{10}{12}-9\frac{11}{12}=7\frac{11}{12}$입니다.

**3** (1) 또는 $3\frac{9}{10}+2\frac{5}{10}=6\frac{4}{10}$
  (2) 또는 $3\frac{5}{10}+2\frac{9}{10}=6\frac{4}{10}$

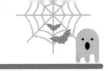

**4** ♥와 ★의 합이 가장 작은 경우는 3, 가장 큰 경우는 8입니다. 따라서 $3+4+5+6+7+8=33$입니다.

**5** $(★+♥)+(★-♥)=1\dfrac{1}{9}+\dfrac{4}{9}=1\dfrac{5}{9}=\dfrac{14}{9}$

$★+★=\dfrac{14}{9}=\dfrac{7}{9}+\dfrac{7}{9} \Rightarrow ★=\dfrac{7}{9}$,

$♥=★-\dfrac{4}{9}=\dfrac{7}{9}-\dfrac{4}{9}=\dfrac{3}{9}$,

$♥+♥+♥=\dfrac{3}{9}+\dfrac{3}{9}+\dfrac{3}{9}=1$

**6** $1\dfrac{8}{★}+5\dfrac{7}{★}=6\dfrac{15}{★}$이고 $7\dfrac{4}{★}=6\dfrac{★+4}{★}$이므로

$6\dfrac{15}{★}=6\dfrac{★+4}{★}$입니다.

따라서 $15=★+4$이므로 $★=15-4=11$입니다.

**7** $(㉮+㉯)+(㉯+㉰)=㉮+㉯+㉯+㉰$이므로
$(㉮+㉯+㉯+㉰)-(㉮+㉯+㉰)=㉯$입니다.
따라서 ㉯는

$9\dfrac{4}{8}+13\dfrac{3}{8}-17=22\dfrac{7}{8}-17=5\dfrac{7}{8}$입니다.

**8** 영수가 어제와 오늘 읽은 동화책 쪽수는 전체의

$\dfrac{6}{14}+\dfrac{4}{14}=\dfrac{10}{14}$입니다.

따라서 전체의 $\dfrac{10}{14}$이 150쪽이므로 전체의 $\dfrac{1}{14}$은

$150÷10=15$(쪽)이고, 동화책의 전체 쪽수는

$15×14=210$(쪽)입니다.

**9** ♥와 ★은 12보다 작은 수이고, 자연수 부분의 차가 $5-2=3$이므로 ♥는 ★보다 작습니다. ♥=1일 때

$5\dfrac{1}{12}-2\dfrac{★}{12}=4\dfrac{13}{12}-2\dfrac{★}{12}=2\dfrac{4}{12}$에서

$★=9$, ♥=2일 때 $★=10$, ♥=3일 때 $★=11$입니다.

**10** ♥+★은 10보다 커야 합니다. 주어진 조건을 만족하는 세 수는 ♥=8, ★=6, ▲=4입니다.

**11** (삼각형의 세 변의 길이의 합)

$=8\dfrac{3}{8}+8\dfrac{3}{8}+5\dfrac{6}{8}=22\dfrac{4}{8}$(cm)

정사각형의 한 변의 길이를 □cm라 하면

$□+□+□+□=22\dfrac{4}{8}=\dfrac{180}{8}$, $180÷4=45$

이므로 $□=\dfrac{45}{8}=5\dfrac{5}{8}$(cm)입니다.

**12** (15분 동안 타는 양초의 길이)

$=20-17\dfrac{2}{5}=19\dfrac{5}{5}-17\dfrac{2}{5}=2\dfrac{3}{5}$(cm)

1시간은 60분이고 60분은 15분의 4배이므로
(1시간 동안 타는 양초의 길이)

$=2\dfrac{3}{5}+2\dfrac{3}{5}+2\dfrac{3}{5}+2\dfrac{3}{5}=8\dfrac{12}{5}=10\dfrac{2}{5}$(cm)

입니다. $\Rightarrow$ (1시간 후에 남은 양초의 길이)

$=20-10\dfrac{2}{5}=19\dfrac{5}{5}-10\dfrac{2}{5}=9\dfrac{3}{5}$(cm)

**13** 연못의 깊이 $\dfrac{4}{8}$ m | $3\dfrac{2}{8}$ m 연못의 깊이

왼쪽 그림에서 색칠된 부분이 막대가 물에 젖은 부분입니다.
(연못의 깊이의 2배)=(막대 전체의 길이)-(물에 젖지 않은 부분의 길이)$=3\dfrac{2}{8}-\dfrac{4}{8}=2\dfrac{6}{8}$(m)

$2\dfrac{6}{8}=1\dfrac{3}{8}+1\dfrac{3}{8}$이므로 연못의 깊이는 $1\dfrac{3}{8}$m입니다.

**14** (책 2권의 무게)$=8-4\dfrac{2}{4}=3\dfrac{2}{4}$(kg),

(책 1권의 무게)$=3\dfrac{2}{4}=\dfrac{14}{4}=\dfrac{7}{4}+\dfrac{7}{4}$에서

$\dfrac{7}{4}=1\dfrac{3}{4}$(kg),

(바구니와 책 2권의 무게)$=4\dfrac{2}{4}$kg

(바구니와 책 1권의 무게)$=4\dfrac{2}{4}-1\dfrac{3}{4}=2\dfrac{3}{4}$(kg)

**단원평가** 28~30쪽

**1** (1) $\dfrac{6}{7}$ (2) $1\dfrac{4}{10}$ (3) $\dfrac{5}{12}$ (4) $7\dfrac{5}{15}$

**2** >

**3** $9\dfrac{6}{12}$, $1\dfrac{8}{12}$

**4** $6\dfrac{2}{5}$, $5\dfrac{1}{5}$, $9\dfrac{4}{5}$

**5** $2\dfrac{9}{10}$ km

**6** $\dfrac{12}{20}$ kg

**7** ✕ (연결선)

**8** (1) $2\dfrac{1}{8}$ (2) $3\dfrac{7}{15}$

**9** $15\dfrac{3}{12}$

**10** 1, 2, 3, 4, 5, 6

**11** $4\dfrac{4}{5}$, $1\dfrac{1}{5}$

**12** ㉡, ㉣, ㉢, ㉠

**13** 예슬, $1\dfrac{23}{25}$ kg

**14** $31\dfrac{6}{8}$ kg

**15** $7\dfrac{1}{5}$ L

**16** 2시간    **17** 8

**18** (어떤 수)$+1\dfrac{2}{7}=8\dfrac{5}{7}$,

(어떤 수)$=8\dfrac{5}{7}-1\dfrac{2}{7}=7\dfrac{3}{7}$

따라서 바르게 계산하면 $7\dfrac{3}{7}-1\dfrac{2}{7}=6\dfrac{1}{7}$ 입니다.

**19** 먹고 남은 쌀은

$8-2\dfrac{7}{8}=7\dfrac{8}{8}-2\dfrac{7}{8}=5\dfrac{1}{8}$(kg)입니다.

따라서 석기에게 남은 쌀은

$5\dfrac{1}{8}-3\dfrac{3}{8}=4\dfrac{9}{8}-3\dfrac{3}{8}=1\dfrac{6}{8}$(kg)입니다.

**20** 겹쳐진 부분의 길이는 두 개의 색 테이프의 길이의 합에서 이어 붙인 색 테이프의 길이를 빼면 됩니다.

(두 개의 색 테이프의 길이의 합)

$=4\dfrac{5}{10}+2\dfrac{4}{10}=6\dfrac{9}{10}$(cm)이므로

(겹쳐진 부분의 길이)

$=6\dfrac{9}{10}-5\dfrac{4}{10}=1\dfrac{5}{10}$(cm)입니다.

**2** $\dfrac{10}{13}+\dfrac{9}{13}=\dfrac{19}{13}=1\dfrac{6}{13}$

**5** (학교~슈퍼마켓)=(서점~슈퍼마켓)-(서점~학교)

$=5\dfrac{6}{10}-2\dfrac{7}{10}=2\dfrac{9}{10}$(km)

**6** $\dfrac{17}{20}-\dfrac{5}{20}=\dfrac{12}{20}$(kg)

**7** $2-\dfrac{3}{9}=1\dfrac{9}{9}-\dfrac{3}{9}=1\dfrac{6}{9}$

$3\dfrac{5}{9}-\dfrac{7}{9}=2\dfrac{14}{9}-\dfrac{7}{9}=2\dfrac{7}{9}$

$1\dfrac{1}{9}+\dfrac{4}{9}=1\dfrac{5}{9}$

**8** (1) $\square=9\dfrac{4}{8}-7\dfrac{3}{8}=2\dfrac{1}{8}$

(2) $\square=1\dfrac{6}{15}+2\dfrac{1}{15}=3\dfrac{7}{15}$

**9** $14\dfrac{7}{12}-\dfrac{3}{12}+\dfrac{11}{12}=14\dfrac{4}{12}+\dfrac{11}{12}=14\dfrac{15}{12}$

$=15\dfrac{3}{12}$

**10** $2\dfrac{16}{19}+1\dfrac{10}{19}=3\dfrac{26}{19}=4\dfrac{7}{19}$

$4\dfrac{\square}{19}<4\dfrac{7}{19}$에서 $\square=1$, 2, 3, 4, 5, 6입니다.

**11** 가장 큰 수: 3, 가장 작은 수: $1\dfrac{4}{5}$

합: $3+1\dfrac{4}{5}=4\dfrac{4}{5}$

차: $3-1\dfrac{4}{5}=2\dfrac{5}{5}-1\dfrac{4}{5}=1\dfrac{1}{5}$

**12** ㉠ $8\dfrac{12}{25}+7\dfrac{19}{25}=15\dfrac{31}{25}=16\dfrac{6}{25}$

㉡ $16\dfrac{18}{25}+\dfrac{17}{25}=16\dfrac{35}{25}=17\dfrac{10}{25}$

㉢ $23\dfrac{15}{25}-6\dfrac{21}{25}=22\dfrac{40}{25}-6\dfrac{21}{25}=16\dfrac{19}{25}$

㉣ $17\dfrac{4}{25}-\dfrac{9}{25}=16\dfrac{29}{25}-\dfrac{9}{25}=16\dfrac{20}{25}$

**13** 예슬이가 사과를

$5\dfrac{19}{25}-3\dfrac{21}{25}=4\dfrac{44}{25}-3\dfrac{21}{25}=1\dfrac{23}{25}$(kg)

더 많이 땄습니다.

**14** $32\dfrac{3}{8}-\dfrac{5}{8}=31\dfrac{11}{8}-\dfrac{5}{8}=31\dfrac{6}{8}$(kg)

**15** 3일 동안 사용한 물의 양:

$2\dfrac{4}{5}+2\dfrac{4}{5}+2\dfrac{4}{5}=6\dfrac{12}{5}=8\dfrac{2}{5}$(L)

물통에 남은 물의 양:

$15\dfrac{3}{5}-8\dfrac{2}{5}=7\dfrac{1}{5}$(L)

**16** 세 사람이 함께 1시간 동안 하는 일은

전체의 $\dfrac{6}{36}+\dfrac{7}{36}+\dfrac{5}{36}=\dfrac{18}{36}$입니다.

전체를 1로 생각하면

$\dfrac{18}{36}+\dfrac{18}{36}=\dfrac{36}{36}=1$이므로 이 일을 2시간 만에 끝낼 수 있습니다.

**17** $1\dfrac{5}{\bullet}+3\dfrac{7}{\bullet}=(1+3)+\left(\dfrac{5}{\bullet}+\dfrac{7}{\bullet}\right)$

$=4+\dfrac{5+7}{\bullet}=4\dfrac{12}{\bullet}$

$5\dfrac{4}{\bullet}=4\dfrac{\bullet+4}{\bullet}$이므로

⇨ $12=\bullet+4$, $\bullet=12-4=8$입니다.

# 2. 삼각형

| | |
|---|---|
| **1** 나, 라 | **2** 다 |
| **3** 75 | **4** 60 |

**5** (1) 나, 마 (2) 가, 라, 바

**6** 가, 아 / 나, 사 / 마 / 바 / 라, 자 / 다

**3** 이등변삼각형은 두 각의 크기가 같습니다.

**4** 정삼각형은 세 각의 크기가 같습니다.

유형**1** 나, 다

**1**-1 7 cm

**1**-2 예
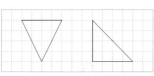

**1**-3 26 cm

유형**2** 8

**2**-1 9 cm

**2**-2 나

**2**-3 15 cm

유형**3** 25, 25

**3**-1 7

**3**-2 70°

**3**-3 150

**3**-4 34

**3**-5 가, 다, 라, 바

**3**-6 18, 30

**3**-7 24 cm

유형**4** 60, 60

**4**-1 60, 60

**4**-2 120

**4**-3 120°

**4**-4 17, 60

**4**-5 57 cm

**4**-6 120°

**4**-7 18 cm

유형**5** 예각, 예각

**5**-1 가, 라

**5**-2 예

**5**-3 2개

**5**-4 3개

**5**-5 ㄹ

**5**-6 예각삼각형이라고 할 수 있습니다. 세 각이 모두 60°인 예각이기 때문입니다.

**5**-7 ㉢, ㉤

유형**6** 둔각, 둔각

**6**-1 2개

**6**-2 예

**6**-3 라, 마

**6**-4 ㉣

**6**-5 ⑤

**6**-6 삼각형 ㄱㄴㄷ, 삼각형 ㄱㄹㅁ, 삼각형 ㄱㄴㅁ

**6**-7 ㉡, ㉣, ㉻

유형**7** 예각삼각형

**7**-1 이등변삼각형    정삼각형

예각삼각형    둔각삼각형    직각삼각형

**7**-2 이등변삼각형, 직각삼각형, 이등변삼각형

**7**-3 나, 라 / 마 / 가 / 바 / 다 / ·

**7**-4 예

**7**-5 ②, ④

유형**1** 두 변의 길이가 같은 삼각형을 찾습니다.

**1**-1 변 ㄱㄴ과 변 ㄴㄷ의 길이가 같으므로 변 ㄴㄷ의 길이는 7 cm입니다.

**1**-3 이등변삼각형이므로 나머지 한 변의 길이는 10 cm 입니다. 따라서 세 변의 길이의 합은 10+10+6=26(cm)입니다.

**2-1** 정삼각형의 세 변의 길이는 같으므로 변 ㄴㄷ의 길이는 변 ㄱㄴ의 길이와 같은 9 cm입니다.

**2-2** 이등변삼각형: 나, 다
정삼각형: 나

**2-3** 정삼각형이므로 나머지 두 변의 길이도 각각 5 cm입니다.
따라서 세 변의 길이의 합은 $5+5+5=15$(cm)입니다.

**유형3** 이등변삼각형의 두 각의 크기는 같습니다.
$180°-130°=50°$, $50°÷2=25°$

**3-2** 이등변삼각형의 두 각의 크기는 같습니다.
$180°-40°=140°$이므로
㉮$=140°÷2=70°$입니다.

**3-3** 이등변삼각형의 두 각의 크기는 같으므로
$180°-120°=60°$에서
(각 ㄱㄴㄷ)$=$(각 ㄱㄷㄴ)$=60°÷2=30°$입니다.
따라서 □$=180°-30°=150°$입니다.

**3-4** ㉠$=180°-(56°+62°)=62°$이므로 이등변삼각형입니다.
따라서 □$=34$입니다.
34 cm, 56°, 34 cm, 62°, ㉠

**3-6** $66-(18+18)=30$(cm)

**3-7** $5+7+5+7=24$(cm)

**유형4** 정삼각형의 세 각의 크기는 같습니다.

**4-1** 정삼각형의 세 각의 크기는 같으므로 한 각의 크기는 $180°÷3=60°$입니다.

**4-2** 정삼각형의 세 각의 크기는 같으므로
(각 ㄱㄷㄴ)$=60°$입니다.
따라서 □$=180°-60°=120°$입니다.

**4-3** 세 변의 길이가 같으므로 정삼각형입니다.
정삼각형은 세 각의 크기가 같으므로
㉠$+$㉡$=60°+60°=120°$입니다.

**4-5** 각 ㄴㄱㄷ의 크기는 $180°-(60°+60°)=60°$이므로 삼각형 ㄱㄴㄷ은 정삼각형입니다.
따라서 세 변의 길이의 합은 $19×3=57$(cm)입니다.

**4-6** $60°+60°=120°$

**4-7** 정삼각형은 세 변의 길이가 같으므로 한 변의 길이는 $54÷3=18$(cm)입니다.

**5-1** 세 각이 모두 예각인 삼각형을 찾아보면 가, 라입니다.

**5-2** 세 각이 모두 예각인 삼각형을 그려 봅니다.

**5-3** 예각삼각형을 찾아보면 ①, ①+②로 2개입니다. ②는 둔각삼각형입니다.

**5-4** 예각삼각형은 나, 마, 바로 모두 3개입니다.

**5-5** $35°$, $70°$, $75°$는 세 각이 모두 예각이므로 예각삼각형입니다.

**5-7** 각 삼각형의 나머지 한 각의 크기는 다음과 같습니다.
㉠ $100°$ ㉡ $90°$ ㉢ $50°$ ㉣ $70°$ ㉤ $85°$ ㉥ $118°$

**6-1** 한 각이 둔각인 삼각형을 찾아보면 나, 라 2개입니다.

**6-2** 한 각이 둔각인 삼각형을 그려 봅니다.

**6-3** 둔각삼각형을 찾아보면 라, 마 2개입니다.

**6-4** ㉠ 직각삼각형 ㉡ 예각삼각형 ㉢ 예각삼각형 ㉣ 둔각삼각형

**6-5** $110°$는 둔각이므로 둔각삼각형입니다.

**6-7** 각 삼각형의 나머지 한 각의 크기는 다음과 같습니다.
㉠ $90°$ ㉡ $115°$ ㉢ $30°$ ㉣ $100°$ ㉤ $80°$ ㉥ $110°$

**step 3 기본 유형 다지기** 40~45쪽

**1** 4
**2** 나, 라
**3** 60, 9, 9
**4** 가, 나, 다
**5** 17 cm
**6** 145
**7** ③
**8** 정삼각형
**9** 19
**10** $35°$
**11** 예
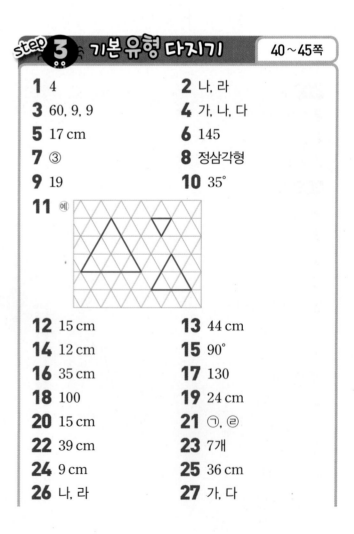
**12** 15 cm
**13** 44 cm
**14** 12 cm
**15** $90°$
**16** 35 cm
**17** 130
**18** 100
**19** 24 cm
**20** 15 cm
**21** ㉠, ㉣
**22** 39 cm
**23** 7개
**24** 9 cm
**25** 36 cm
**26** 나, 라
**27** 가, 다

**28** 예각삼각형: 4개, 직각삼각형: 2개,
둔각삼각형: 3개

**29** 나　　　　**30** 6개

**31** ㉢, ㉤ / ㉠ / ㉡, ㉣, ㉥

**32** 둔각삼각형　　**33** ㉢

**34** 95, 둔각삼각형　　**35** 25°, 둔각삼각형

**36** 95°　　**37**
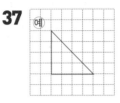

**38** 정삼각형, 1 cm　　**39** 24 cm

**40** 59 cm　　**41** 66 cm

**42** 38 cm　　**43** 100°

**44** 70°　　**45** 48 cm

**46** 예각삼각형, 정삼각형, 이등변삼각형

**2** 세 변의 길이가 같은 삼각형은 나, 라입니다.

**5** 이등변삼각형이므로 나머지 한 변의 길이는
5 cm입니다. 따라서 세 변의 길이의 합은
5＋5＋7＝17(cm)입니다.

**6** (각 ㄴㄷㄱ)＝(각 ㄴㄷㄱ)＝$(180°-110°)÷2=35°$
따라서 □＝$180°-35°=145°$입니다.

**7** 세 변의 길이가 같은 것을 찾습니다.

**9** 이등변삼각형의 나머지 두 변의 길이의 합은
50－12＝38(cm)입니다.
따라서 □＝38÷2＝19(cm)입니다.

**10**
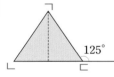
이등변삼각형이므로
(각 ㄱㄴㄷ)＝(각 ㄱㄷㄴ)＝
$180°-125°=55°$이고,
(각 ㄴㄱㄷ)＝$180°-55°-55°$
＝70°입니다.
따라서 ㉠＝(각 ㄴㄱㄷ)÷2＝70°÷2＝35°입니다.

**11** 세 변의 길이가 같도록 삼각형을 그립니다.

**12** 정삼각형은 세 변의 길이가 같으므로 가장 큰 정삼각
형을 만들려면 철사를 남기거나 겹치는 부분이 없도
록 모두 사용하여 똑같이 세 도막으로 나누어야 합니
다. 따라서 한 변의 길이는 45÷3＝15(cm)입니다.

**13**
만들어지는 삼각형은 왼쪽과
같습니다. 따라서 삼각형의 세 변의

길이의 합은
16＋16＋6＋6＝44(cm)입니다.

**14** 나머지 두 변의 길이의 합은 39－15＝24(cm)입니
다. 따라서 길이는 24÷2＝12(cm)로 같습니다.

**15** 삼각형 ㄱㄴㄷ에서 (각 ㄱㄴㄷ)＝(각 ㄴㄱㄷ)＝45°
삼각형 ㄹㄴㄷ에서 (각 ㄹㄴㄷ)＝(각 ㄹㄷㄴ)＝45°
따라서 삼각형 ㄹㄴㄷ에서
(각 ㄴㄹㄷ)＝$180°-(45°+45°)=90°$입니다.

**16** 도형의 둘레는 정삼각형의 한 변의 길이의 5배입니
다. 따라서 7×5＝35(cm)입니다.

**17**
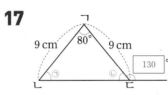
이등변삼각형이므로 ㉠과
㉡의 크기가 같습니다.
㉠＝㉡＝
$(180°-80°)÷2=50°$
따라서 □＝$180°-50°=130°$입니다.

**18**
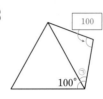
정삼각형의 한 각의 크기는 60°
이므로 ㉠＝$100°-60°=40°$입
니다.
따라서 □＝$180°-(40°+40°)$
＝100°입니다.

**19** 이등변삼각형의 세 변의 길이의 합은
27×2＋18＝72(cm)이므로 정삼각형의 한 변의
길이는 72÷3＝24(cm)입니다.

**20** 상연이가 만들려는 삼각형은 한 변의 길이가 20 cm
인 정삼각형이므로 사용할 철사의 길이는
20×3＝60(cm)입니다.
따라서 75－60＝15(cm)가 남습니다.

**21** 세 각을 모두 구해 보면
㉠ 50°, 65°, 65° ㉡ 40°, 75°, 65° ㉢ 35°, 90°, 55°
㉣ 60°, 60°, 60°이므로 두 각의 크기가 같은 삼각형
은 ㉠, ㉣입니다.

**22**
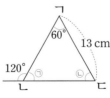
㉠＝$180°-120°=60°$
㉡＝$180°-(60°+60°)=60°$
삼각형 ㄱㄴㄷ은 세 각의 크기가
모두 같은 정삼각형이므로
세 변의 길이의 합은
13×3＝39(cm)입니다.

**23** ▲ : 6개　▲▲ : 1개　따라서 정삼각형은 모두
6＋1＝7(개)입니다.

**24** 사각형 ㄱㄴㄹㅁ의 네 변의 길이의 합은 변 ㄱㄴ의
길이의 5배이므로 정삼각형의 한 변의 길이는
45÷5＝9(cm)입니다.

**25** 이등변삼각형 ㄴㄷㄹ의 세 변의 길이의 합이 25cm이므로 변 ㄴㄹ의 길이는 25−(7+7)=11(cm)입니다.
삼각형 ㄱㄴㄹ은 정삼각형이므로 세 변의 길이가 각각 11cm입니다. 따라서 사각형 ㄱㄴㄷㄹ의 네 변의 길이의 합은 11+7+7+11=36(cm)입니다.

**28**

예각삼각형: 나, 마, 바, 사 ⇨ 4개
직각삼각형: 가, 자 ⇨ 2개
둔각삼각형: 다, 라, 아 ⇨ 3개

**29**

예각삼각형은 세 각이 모두 예각인 삼각형입니다.

**30**

삼각형 1개짜리: ①, ③, ④, ⑥ ⇨ 4개
삼각형 2개짜리: ①+⑥, ③+④ ⇨ 2개

**31** 삼각형의 나머지 한 각의 크기를 구해 봅니다.
㉠ $180°-50°-40°=90°$ ⇨ 직각삼각형
㉡ 한 각이 둔각이므로 둔각삼각형
㉢ $180°-30°-80°=70°$ ⇨ 예각삼각형
㉣ 한 각이 둔각이므로 둔각삼각형
㉤ $180°-45°-60°=75°$ ⇨ 예각삼각형
㉥ $180°-25°-37°=118°$ ⇨ 둔각삼각형

**32** (각 ㄴㄹㄷ)=$180°-(32°+36°)=112°$
(각 ㄱㄹㄷ)=$180°-112°=68°$
(각 ㄹㄱㄷ)=(각 ㄹㄷㄱ)=$(180°-68°)÷2=56°$
(각 ㄱㄷㄴ)=$36°+56°=92°$
따라서 삼각형 ㄱㄴㄷ의 세 각은 $56°$, $32°$, $92°$로 둔각삼각형입니다.

**33** ㉠ 직각삼각형 ㉡ 예각삼각형 ㉢ 둔각삼각형
㉣ 예각삼각형 ㉤ 직각삼각형

**34** ☐=$180°-(37°+48°)=95°$

**35**

㉠=$180°-80°=100°$
㉡=$180°-125°=55°$
㉓=$180°-100°-55°$
     =$25°$

**36** (각 ㅁㄹㄷ)=$180°-(35°+35°)=110°$
(각 ㄴㄷㄹ)=$360°-(80°+35°+150°)=95°$

**37** 이등변삼각형이므로 두 변의 길이가 같아야 하고, 직각삼각형이므로 한 각이 직각이어야 합니다.
(이외에도 여러 가지가 있습니다.)

**38** (정삼각형의 세 변의 길이의 합)=$7+7+7=21$(cm)
(이등변삼각형의 세 변의 길이의 합)
=$8+6+6=20$(cm)
따라서 정삼각형의 세 변의 길이의 합이 $21-20=1$(cm) 더 깁니다.

**39** (정사각형의 둘레의 길이)=(정삼각형의 둘레의 길이)
=$18×4=72$(cm)
(정삼각형의 한 변의 길이)=$72÷3=24$(cm)입니다.

**40** $7+7+9+9+9+9+9=59$(cm)

**41** 사각형 ㄱㄴㄷㄹ의 둘레는 6cm인 길이가 11개이므로 $6×11=66$(cm)입니다.

**42** (변 ㄱㄴ)=(변 ㄱㄷ)=(변 ㄱㄹ)=12cm이고
(변 ㄴㄷ)=(변 ㄷㄹ)=7cm이므로
사각형 ㄱㄴㄷㄹ의 네 변의 길이의 합은
$12+7+7+12=38$(cm)입니다.

**43** (각 ㄱㄷㄴ)=$180°-(70°+65°)=45°$이고,
삼각형 ㅁㄷㄹ은 두 변의 길이가 같은 이등변삼각형이므로 (각 ㅁㄷㄹ)=$(180°-110°)÷2=35°$입니다.
따라서 (각 ㄱㄷㅁ)=$180°-(45°+35°)=100°$입니다.

**44** 삼각형 ㄱㄷㄹ은 이등변삼각형이므로
(각 ㄹㄱㄷ)=$(180°-110°)÷2=35°$입니다.
삼각형의 세 각의 크기의 합은 $180°$이므로
(각 ㄱㄷㄴ)=$180°-(115°+30°)=35°$입니다.
따라서 (각 ㄹㄱㄷ)+(각 ㄱㄷㄴ)=$35°+35°=70°$입니다.

**45** $4×4×3=48$(cm)

**46** (각 ㄹㄷㄴ)=(각 ㄹㄴㄷ)=$180°-150°=30°$
(각 ㄱㄴㄹ)=$90°-30°=60°$
(각 ㄴㄱㄹ)=$180°-30°-90°=60°$
따라서 세 각의 크기가 각각 $60°$이므로 정삼각형이고, 예각삼각형입니다.

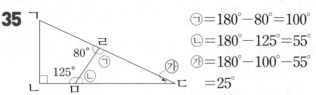

| | | | |
|---|---|---|---|
| **1** 45 | | **2** 60 | |
| **3** 6 cm | | **4** 110° | |

**5** 6개  **6** 9개

**7** 15°  **8** 30, 13

**9** 예

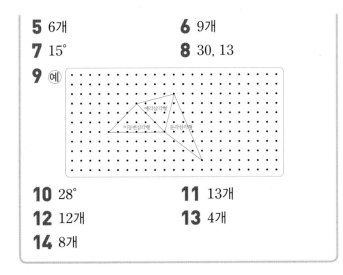

**10** 28°  **11** 13개

**12** 12개  **13** 4개

**14** 8개

**1** 둔각삼각형은 한 각이 둔각이어야 하는데, ㉠과 ㉡이 둔각일 수는 없으므로 나머지 한 각이 둔각이어야 합니다. 따라서 나머지 한 각이 90°보다 크고, ㉠과 ㉡의 합은 90°보다 작아야 합니다. ㉠과 ㉡은 크기가 같은 각이므로 각각 45°보다 작아야 합니다.

**2**

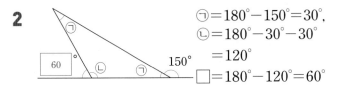

㉠=180°−150°=30°,
㉡=180°−30°−30°
　=120°
□=180°−120°=60°

**3** 삼각형의 나머지 두 각의 크기는 각각 60°이므로 삼각형은 한 변의 길이가 8 cm인 정삼각형입니다. 따라서 사용한 철사의 길이는 8×3=24(cm)이므로 30−24=6(cm)가 남습니다.

**4** 삼각형 ㄷㄹㅁ은 이등변삼각형이므로
(각 ㅁㄹㄷ)=180°−70°−70°=40°입니다.
따라서 사각형 ㄱㄴㄷㄹ에서
(각 ㄴㄱㅁ)=360°−(88°+122°+40°)=110°입니다.

**5**

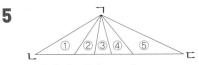

1개짜리: ③ ⇨ 1개
2개짜리: ②+③, ③+④ ⇨ 2개
3개짜리: ①+②+③, ②+③+④, ③+④+⑤
　　　　　⇨ 3개
따라서 1+2+3=6(개)

**6**

1개짜리: ①, ②, ④, ⑤ ⇨ 4개
2개짜리: ①+②, ④+⑤ ⇨ 2개
4개짜리: ①+②+③+④, ②+③+④+⑤
　　　　　⇨ 2개

5개짜리 : 1개
따라서 4+2+2+1=9(개)

**7** (각 ㄴㄷㅁ)=90°이고, (각 ㅁㄷㄹ)=60°이므로
(각 ㄴㄷㄹ)=90°+60°=150°입니다.
삼각형 ㄴㄷㄹ은 변 ㄴㄷ과 변 ㄷㄹ의 길이가 같은 이등변삼각형이므로 180°−150°=30°에서
(각 ㄴㄷㄹ)=30°÷2=15°입니다.

**8** 삼각형 ㄱㄴㄷ을 반으로 접으면 선분 ㄷㄹ과 선분 ㄴㄹ이 겹쳐집니다. 한 변의 길이가 26 cm인 정삼각형이므로 선분 ㄴㄹ의 길이는 26÷2=13(cm)이고, 각 ㄴㄱㄹ의 크기는 60°÷2=30°입니다.

**9** 삼각형을 그리는 순서는 상관없고 주어진 조건에 맞는 삼각형 3개가 모두 보기와 같은 방법으로 그려졌는지 확인합니다.

**10** 삼각형 ㄴㄱㄷ이 이등변삼각형이므로
(각 ㄴㄱㄷ)=(각 ㄴㄷㄱ)=38°입니다.
(각 ㄱㄴㄷ)=180°−(38°+38°)=104°이므로
(각 ㄷㄴㄹ)=180°−104°=76° 입니다.
삼각형 ㄴㄷㄹ이 이등변삼각형이므로 각 ㄴㄷㄹ의 크기는 180°−(76°+76°)=28°입니다.

**11** 한 변이 성냥개비 1개인 정삼각형: 9개
한 변이 성냥개비 2개인 정삼각형: 3개
한 변이 성냥개비 3개인 정삼각형: 1개
따라서 정삼각형은 모두 9+3+1=13(개)입니다.

**12** 작은 삼각형 1개짜리: 8개
작은 삼각형 4개짜리: 2개
작은 삼각형 4개와 사각형 1개짜리: 2개
따라서 8+2+2=12(개)입니다.

**13**

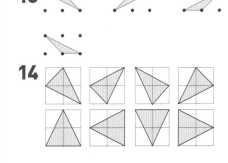

**14**

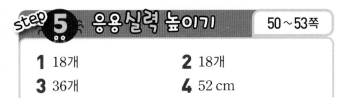

step **5** 응용실력 높이기　50~53쪽

**1** 18개  **2** 18개

**3** 36개  **4** 52 cm

**5** 8개     **6** 78 cm

**7** 40°     **8** 93°

**9** 150°     **10** 14개

**11** 14개     **12** 6장

**13** 6개     **14** 17개

**15** 27개     **16** 30°

**1** 세 각이 40°, 70°, 70°인 삼각형: 9개
세 각이 80°, 50°, 50°인 삼각형: 9개

**2** 세 각이 120°, 30°, 30°인 삼각형: 9개
세 각이 160°, 10°, 10°인 삼각형: 9개

**3** 18+18=36(개)

**4** 삼각형 ㄱㄴㄷ, 삼각형 ㄱㄷㄹ은 각각 세 각의 크기가 모두 60°로 같게 되므로 정삼각형입니다. 따라서 선분 ㄱㄹ, 선분 ㄷㄹ도 모두 13 cm가 되므로 사각형 ㄱㄴㄷㄹ의 네 변의 길이의 합은
13+13+13+13=52(cm)입니다.

**5** 삼각형 ㄱㄴㅂ, ㄴㄷㄱ, ㄷㄷㄴ, ㄹㅁㄷ, ㅁㅂㄹ, ㅂㄱㅁ, ㄱㄷㅁ, ㄴㄹㅂ으로 모두 8개입니다.

**6** 정삼각형 한 변의 길이는 18÷3=6(cm)입니다.
주어진 도형의 둘레의 길이는 6 cm인 변이 13개이므로 6×13=78(cm)입니다.

**7**
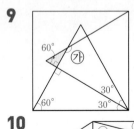
삼각형 ㄹㄴㅁ에서 각 ㄹㄴㅁ은 70°이므로 삼각형 ㄱㄴㄷ은 이등변삼각형입니다. 따라서 각 ㉮는
180°-(70°+70°)=40°입니다.

**8**
각 ㉠은 공통각이므로 각 ㄴㄱㄹ은 27°입니다. 따라서 각 ㉮의 크기는
180°-(27°+60°)=93°입니다.

**9**
색칠한 삼각형에서 나머지 한 각은 30°이므로 각 ㉮는
180°-30°=150°입니다.

**10**
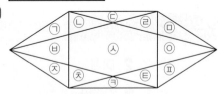

도형 1개짜리: ㉢, ㉣, ㉤, ㉥, ㉦, ㉧ ⇨ 6개 ┐
도형 2개짜리: ㉠㉥, ㉥㉦, ㉢㉤, ㉤㉧ ⇨ 4개 │ 14개
도형 3개짜리: ㉠㉥㉦, ㉢㉤㉧ ⇨ 2개 │
도형 4개짜리: ㉥ㅅㄹㅌ, ㄴㅅㅊㅇ ⇨ 2개 ┘

**11** 도형 1개짜리: ㉠, ㉢, ㉤, ㉦, ㉨, ㉩ ⇨ 6개 ┐
도형 2개짜리: ㉠㉡, ㉣㉤, ㉦㉧, ㉨㉩ ⇨ 4개 │ 14개
도형 3개짜리: ㉠㉡㉢, ㉢㉣㉤, ㉦㉧㉨,
          ㉨㉩㉩ ⇨ 4개 ┘

**12** 둘레가 150 cm인 정삼각형의 한 변의 길이는 50 cm입니다. 따라서 오른쪽 그림과 같이 원의 반지름을 한 변으로 하는 정삼각형을 오리면 됩니다. 원의 중심을 한 바퀴 돌면 360°이므로 원을 6등분 하면 한 변의 길이가 50 cm인 정삼각형을 6장까지 만들 수 있습니다.

**13** 길이가 5 cm인 변이 (50-10-10)÷5=6(군데)이므로 이등변삼각형 6개를 붙여 만든 도형입니다.

**14** 삼각형 1개짜리: 8개
삼각형 2개짜리: 6개
삼각형 4개짜리: 2개
삼각형 8개짜리: 1개
8+6+2+1=17(개)

**15** 한 변이 면봉 1개인 정삼각형: 16개 ┐
한 변이 면봉 2개인 정삼각형: 7개 │ 27개
한 변이 면봉 3개인 정삼각형: 3개 │
한 변이 면봉 4개인 정삼각형: 1개 ┘

**16** 삼각형 ㄱㄷㄹ에서
(각 ㄱㄷㄹ)=180°-70°-45°=65°이고,
직선은 180°이므로
(각 ㄱㄷㄴ)=180°-65°-40°=75°입니다.
삼각형 ㄱㄴㄷ은 이등변삼각형이므로
(각 ㄱㄴㄷ)=(각 ㄱㄷㄴ)=75°,
(각 ㄴㄱㄷ)=180°-75°-75°=30°입니다.

## 단원평가     54~56쪽

**1** 18 cm

**2** 예
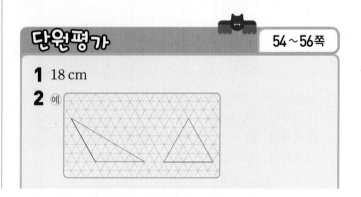

**3** 24 cm  **4** 12 cm

**5** 10 cm  **6** 131

**7** 48 cm  **8** ⓒ, ⓔ

**9** 20 cm  **10** 39 cm

**11** 42 cm

**12** (1) 2개  (2) 2개  (3) 2개

**13** 12 cm  **14** ①, ⑤

**15** ①, ②, ⑤  **16** 50

**17** 9, 15

**18** 철사의 길이는 27×4=108(cm)이므로 이 철사를 이용해 만들 수 있는 가장 큰 정삼각형의 한 변의 길이는 108÷3=36(cm)입니다.

**19** 나머지 한 각의 크기는 180°−50°−60°=70°입니다. 따라서 50°, 60°, 70°로 세 각이 모두 예각이므로 예각삼각형입니다.

**20** 정사각형의 한 변이 5 cm이므로 정삼각형의 한 변도 5 cm입니다. 도형 전체의 둘레는 5 cm인 길이가 5개 있으므로 5×5=25(cm)입니다.

**1** 4+7+7=18(cm)

**3** 8×3=24(cm)

**4** 36÷3=12(cm)

**5** 삼각형 ㄱㄴㄷ의 세 변의 길이의 합은
6×4=24(cm)이므로 변 ㄴㄷ의 길이는
24−7−7=10(cm)입니다.

**6**
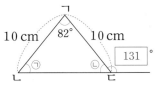
이등변삼각형이므로 ⓐ과 ⓑ의 크기가 같습니다.

ⓐ=ⓑ=(180°−82°)÷2=49°
따라서 ☐=180°−49°=131°입니다.

**7** 이등변삼각형의 세 변의 길이의 합은
54×2+36=144(cm)이므로 정삼각형의 한 변의
길이는 144÷3=48(cm)입니다.

**8** 정삼각형은 이등변삼각형입니다.

**9** 예슬이가 만들려는 삼각형은 한 변의 길이가
20 cm인 정삼각형이므로 사용할 철사의 길이는
20×3=60(cm)입니다.
따라서 80−60=20(cm)가 남습니다.

**10**
ⓐ=180°−120°=60°
ⓑ=180°−(60°+60°)=60°
삼각형 ㄱㄴㄷ은 세 각의 크기가 모두 같은 정삼각형이므로 세 변의 길이의 합은
13×3=39(cm)입니다.

**11** 이등변삼각형 ㄴㄷㄹ의 세 변의 길이의 합이 30 cm
이므로 변 ㄴㄹ의 길이는 30−(9+9)=12(cm)입니다. 삼각형 ㄱㄴㄹ은 정삼각형이므로 세 변의 길이가 각각 12 cm입니다. 따라서 사각형 ㄱㄴㄷㄹ의 네 변의 길이의 합은 12+9+12+9=42(cm)입니다.

**12** (1) 나, 마 (2) 가, 바 (3) 다, 라

**13** 철사의 길이는 9×4=36(cm)이므로 정삼각형의 한 변의 길이는 36÷3=12(cm)입니다.

**14** (각 ㅂㄱㅁ)=(각 ㄹㄱㅁ)=30°,
(각 ㄱㅁㅂ)=180°−90°−30°=60°
(각 ㄱㅁㄷ)=90°−60°=30°
⇨ 두 각의 크기가 같으므로 이등변삼각형
(각 ㄱㄷㅁ)=180°−30°−30°=120°
⇨ 한 각의 크기가 둔각이므로 둔각삼각형

**16**
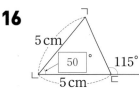
(각 ㄴㄷㄱ)=(각 ㄴㄱㄷ)
=180°−115°=65°
따라서 ☐=180°−65°−65°
=50°입니다.

**17** 33−(9+9)=15(cm)

# 3. 소수의 덧셈과 뺄셈

**1** 0.13        **2** 0.004

**3** (1) 소수 첫째, 0.1   (2) 소수 둘째, 0.05
    (3) 소수 셋째, 0.007

**4** (1) 0.3   (2) 0.04   (3) 10   (4) 100

**5** 0, 5, 0

**6** (1) <   (2) <   (3) >   (4) >

**7** (1) 0.09   (2) 204   (3) 536   (4) 3

**8** (1) $\dfrac{1}{10}$   (2) $\dfrac{1}{100}$   (3) $\dfrac{1}{1000}$

**1** 수직선에서 작은 눈금 한 칸의 크기는 0.01입니다.
㉠은 0.1에서 오른쪽으로 3칸 움직인 수와 같으므로
0.13입니다.

**2** 수직선에서 작은 눈금 한 칸의 크기는 0.001입니다.
□는 0에서 오른쪽으로 4칸 움직인 수와 같으므로
0.004입니다.

유형**1** 0.54

**1-1** (1) 영 점 삼오 (2) 영 점 칠육
    (3) 일 점 사칠 (4) 육 점 팔일

**1-2** (1) 0.24, 0.33   (2) 2.13, 2.27

**1-3** (1) 27   (2) 63   (3) 0.49   (4) 0.87

유형**2** 4, 1, 8

**2-1** (1) 일, 8   (2) 소수 첫째, 0.2   (3) 소수 둘째, 0.06

**2-2** (1) 0.07 (2) 0.7

**2-3** 35.97

유형**3** (1) 영 점 영영육 (2) 영 점 영이오
    (3) 이 점 사삼일 (4) 삼 점 육영팔

**3-1**

**3-2** (1) 0.364, 0.375   (2) 1.253, 1.267

**3-3** (1) 78   (2) 984   (3) 0.065   (4) 0.247

유형**4** 4, 2, 9

**4-1** (1) 일, 7   (2) 소수 첫째, 0.6
    (3) 소수 둘째, 0.05   (4) 소수 셋째, 0.008

**4-2** ㉢

**4-3** 3.842

유형**5** ㉡

**5-1** (1) 6.8   (2) 7.1   (3) 0   (4) 0

**5-2**
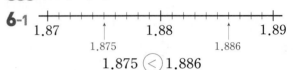

**5-3** ④

유형**6** 0.48, <, 0.64

**6-1**

```
├──────┼──────┼──────┼──────┼──────┼──────┤
1.87          1.88           1.89
        ↑                ↑
      1.875            1.886
```
            1.875 < 1.886

**6-2** (1) >   (2) <

**6-3** ㉢, ㉠, ㉡

**6-4** 6, 7, 8, 9

유형**7** (1) 0.4, 0.04   (2) 10, 100

**7-1** (1) 0.7, 7   (2) 10, 100

**7-2** $\dfrac{1}{10}$, $\dfrac{1}{10}$, 100

**7-3** 100배

**7-4** (1) 0.08   (2) 1.54, 0.154

**7-5** (1) 100   (2) 1000   (3) 10

**7-6** ㉣

**7-7** ㉡

유형**1** 모눈종이의 전체 크기를 1로 보면 작은 모눈 1개는
0.01이고 색칠한 부분은 작은 모눈이 54개이므로
0.54입니다.

**1-2** 수직선의 작은 눈금 한 칸의 크기는 0.01입니다.

**2-2** (1) 53.97에서 숫자 7은 소수 둘째 자리 숫자이고
0.07을 나타냅니다.
    (2) 14.72에서 숫자 7은 소수 첫째 자리 숫자이고
0.7을 나타냅니다.

**2-3** 10이 3개 ⇨ 30, 1이 5개 ⇨ 5, 0.1이 9개 ⇨ 0.9,
0.01이 7개 ⇨ 0.07

**3-2** 수직선의 작은 눈금 한 칸의 크기는 0.001입니다.

**4-3** 1이 3개 ⇨ 3, 0.1이 8개 ⇨ 0.8,
0.01이 4개 ⇨ 0.04, 0.001이 2개 ⇨ 0.002

유형**5** 소수는 필요할 경우 오른쪽 끝자리에 0을 붙여 나

타낼 수 있습니다. ⇨ 4.8=4.80

**5-2** 3.60=3.6, 5.40=5.4, 8.1=8.10, 6.9=6.90

**5-3** 소수는 필요한 경우 오른쪽 끝자리에 0을 붙여 나타
낼 수 있으므로 12.8=12.80입니다.

**6-2** (1) 0.394 > 0.275  (2) 5.207 < 521
　　　└─3>2─┘　　　　└─0<1─┘

**6-4** □=5이면 3.459<3.466
　　　□=6이면 3.469>3.466
　　　따라서 □는 5보다 큰 숫자입니다.

**7-3** ㉠이 나타내는 값은 5이고, ㉡이 나타내는 값은
0.05입니다.
따라서 5는 0.05의 100배입니다.

**7-5** (1) 0.023의 100배는 2.3
(2) 0.04의 1000배는 40
(3) 3.215의 10배는 32.15

**7-6** ㉠ 2.073 ㉡ 2.073 ㉢ 2.073 ㉣ 207.3

**7-7** ㉠ 1.75 ㉡ 175 ㉢ 0.175 ㉣ 17.5

---

## step 1 개념 확인하기　　64~65쪽

**1** (1) 예)
0 ▭▭▭▭▭▭▭▭░░ 1　　(2) 0.8

**2** 0.4

**3** (1) 예)
　　　　　　　　(2) 0.69

**4** (1) 7.53  (2) 8.06

**5** (1) 2.54  (2) 9.3  (3) 8.69  (4) 6.36

**6** (1) 예)
　　　　　　　　(2) 0.45

**7** 297, 154, 1.43, 143

**8** (1) 0.45  (2) 3.63  (3) 5.74  (4) 5.63

---

## step 2 기본 유형 익히기　　66~69쪽

**유형8** 6, 5, 11, 1.1

**8-1** 0.8

**8-2** 1.4

**8-3** (1) 0.4  (2) 1.2  (3) 8.6  (4) 7.6

**8-4** 3.2 kg

**유형9** 9, 4, 5, 0.5

**9-1** 0.5

**9-2** ㉡

**9-3** 0.3

**9-4** 0.2 m

**유형10** 26, 79, 1.05, 105

**10-1** 1.21

**10-2** 0.88

**10-3** 1.11, 1.39, 1.68, 0.82

**10-4** 0.85 m

**유형11** (1) 4.44  (2) 10.14

**11-1** (1) 6.67  (2) 8.91

**11-2** >

**11-3**
$$\begin{array}{r} {\scriptstyle 1\ 1} \\ 5.8\,7 \\ +\ 2.1\,9 \\ \hline 8.0\,6 \end{array}$$

**11-4** 2.85 L

**유형12** 757, 470, 12.27, 1227

**12-1** (1) 5.86  (2) 8.003

**12-2** 7.478

**12-3** 7.162

**12-4** 5.954

**12-5** 6.04 kg

**유형13** 67, 13, 54, 0.54

**13-1** (1) 0.42  (2) 0.53

**13-2** 0.45

**13-3** <

**13-4** 0.22

**13-5** 0.13 L

**유형14** 2.54

**14-1** 2.37

**14-2** 5.46

**14-3** ㉡

**14-4** 10.97 kg

유형 15 3.85

**15-1** (1) 1.06 (2) 2.36 (3) 0.61 (4) 3.993

**15-2** 7.751

**15-3** 2.83 m

**15-4** 46.86 kg

**8-4** (귤이 담긴 바구니의 무게)
= (바구니의 무게) + (귤의 무게)
= 0.3 + 2.9 = 3.2(kg)

**9-2** ㉠ 0.5 ㉡ 0.2 ㉢ 0.3 ㉣ 0.7

**9-3** 0.8 − 0.5 = 0.3

**9-4** (남은 색 테이프의 길이)
= (처음에 가지고 있던 색 테이프의 길이)
− (사용한 색 테이프의 길이)
= 0.7 − 0.5 = 0.2(m)

**10-1** 0.42 + 0.79 = 1.21

**10-2** ㉠ 0.52 ㉡ 0.36
⇨ ㉠ + ㉡ = 0.52 + 0.36 = 0.88

**10-3** 0.76 + 0.35 = 1.11, 0.92 + 0.47 = 1.39
0.76 + 0.92 = 1.68, 0.35 + 0.47 = 0.82

**10-4** (지혜와 석기가 사용한 철사의 길이)
= (지혜가 사용한 철사의 길이)
+ (석기가 사용한 철사의 길이)
= 0.51 + 0.34 = 0.85(m)

**11-2** 3.46 + 2.87 = 6.33, 4.65 + 1.36 = 6.01
⇨ 6.33 > 6.01

**11-3** 받아올림한 수를 더하지 않았습니다.

**11-4** (물통에 들어 있는 물의 양)
= (처음 들어 있던 물의 양) + (더 부은 물의 양)
= 1.58 + 1.27 = 2.85(L)

**12-2** 2.34 + 5.138 = 7.478

**12-3** 1.772 + 5.39 = 7.162

**12-4** 4.67 > 3.705 > 1.284이므로 가장 큰 수와 가장
작은 수의 합은 4.67 + 1.284 = 5.954입니다.

**12-5** (웅이와 석기가 딴 포도)
= (웅이가 딴 포도) + (석기가 딴 포도)
= 2.74 + 3.3
= 6.04(kg)

**13-3** 0.98 − 0.56 = 0.42, 0.63 − 0.17 = 0.46
⇨ 0.42 < 0.46

**13-4** 0.29 + □ = 0.51 ⇨ □ = 0.51 − 0.29 = 0.22

**13-5** (예슬이가 마신 주스의 양)
= (냉장고에 있던 주스의 양) − (남은 주스의 양)
= 0.59 − 0.46 = 0.13(L)

유형 14 3.75 − 1.21 = 2.54

**14-1** 4.82 − 2.45 = 2.37

**14-2** 6.61 − 1.15 = 5.46

**14-3** ㉠ 2.18 ㉡ 2.42

**14-4** (책의 무게) = (책이 들어 있는 상자의 무게) − (빈
상자의 무게) = 12.18 − 1.21 = 10.97(kg)

**15-2** 13.421 − 5.67 = 7.751

**15-3** ㉠은 ㉡보다 8.43 − 5.6 = 2.83(m) 더 깁니다.

**15-4** (삼촌의 몸무게) − (영수의 몸무게)
= 84.5 − 37.64 = 46.86(kg)

step 3 기본유형 다지기 **70~77쪽**

**1** 3.56, 삼 점 오육 **2** 1.307 m

**3** (1) 3, 8, 2 (2) 4, 2, 8, 7

**4** 51.34, 1.842

**5** (1) 일의, 2 (2) 소수 첫째, 0.3 (3) 소수 둘째, 0.06

**6** (1) 4.57 (2) 3.69 (3) 45.67

**7** (1) 0.57 (2) 2.45

**8** 3.27 **9** ㉡

**10** 0.018, 0.18, 18, 180, 3.079, 30.79, 3079

**11** ⑤ **12** (1) > (2) <

**13** 9.624 **14** 1.1

**15** (1) 1.4 (2) 6.4 (3) 7

**16** **17** ①, ⑤

**18** 0.79

**19** (1) 4.97 (2) 10.18 (3) 6.32

**20** 8, 3, 5, 0.5 **21** ㉡

**22** (1) 6.6 (2) 5.84 (3) 3.22 (4) 5.65

**23** 3.66  　　　　　**24** <

**25** 7.13, 4.59

**26**
$$\begin{array}{r} 1.516 \\ +\ 4.32 \\ \hline 5.836 \end{array}$$
두 소수의 소수점의 자리를 맞추어 같은 자리 숫자끼리 계산해야 하는데 소수점의 자리를 맞추지 않았습니다.

**27** 9.411 km  　　　**28** 61.34 kg

**29** 소나무, 0.56 m  　**30** ①

**31** 8.735  　　　　　**32** 16.662 m

**33** 1.813 kg  　　　 **34** 1.79 m

**35** 3.78

**36** 2.85, 1.37, 4.03, 2.55

**37** 0.25  　　　　　　**38** ④

**39** 0.581 m  　　　　**40** 감자, 4.864 kg

**41** 1.788  　　　　　**42** 5.396

**43** 4  　　　　　　　**44** 492.7

**45** <  　　　　　　　**46** 4.613, 4.503

**47** 0, 1, 2  　　　　　**48** ㉡, ㉢, ㉠, ㉣

**49** 6.7  　　　　　　 **50** 8.227, 5.42

**51** 0.76  　　　　　　**52** 0.514

**53** 3.66 m  　　　　　**54** 7.794

**55** 1.19 m

**56** (1) 6.3　(2) 3.482　(3) 4.963　(4) 12.726

**57** 0.99 m  　　　　　**58** 3.891 kg

**59** 0.35 L  　　　　　**60** 0.2 km

**61** 86.68  　　　　　 **62** 0.27

**63** (1) 6, 1, 7, 6　(2) 5, 6, 2

**64** 4개

---

**4** 51.34 ⇨ 0.04, 2.074 ⇨ 0.004, 28.417 ⇨ 0.4,
1.842 ⇨ 0.04, 104.16 ⇨ 4

**7** 45 cm = $\frac{45}{100}$ m = 0.45 m

**9** 크기가 다른 소수는 ㉡입니다.
소수에서 필요한 경우 오른쪽 끝자리에 0을 붙여 나타낼 수 있으므로 0.7=0.70=0.700입니다. 따라서 크기가 다른 소수는 0.07입니다.

**11** ① 0.395 > 0.363
　　　└ 9>6 ┘
② 14.885 < 15.249
　　└ 4<5 ┘
③ 162.489 > 132.589
　　　└ 6>3 ┘
④ 14.397 > 14.298
　　　└ 3>2 ┘
⑤ 5.946 < 5.947
　　　└ 6<7 ┘

---

**12** (1) 0.01이 29개인 수: 0.29 ⇨ 0.31 > 0.29
(2) 0.001이 85개인 수: 0.085 ⇨ 0.085 < 0.72

**13** 가장 큰 수를 만들 때에는 높은 자리부터 큰 숫자를 놓아야 합니다. 따라서 가장 큰 소수 세 자리 수는 9.642이고, 두 번째로 큰 소수 세 자리 수는 9.624입니다.

**14** ㉠이 나타내는 수는 0.3, ㉡이 나타내는 수는 0.8입니다. ⇨ ㉠+㉡=0.3+0.8=1.1

**17** ① 1.1　② 0.9　③ 1　④ 0.5　⑤ 1.3

**18** ㉠ 0.43　㉡ 0.36
따라서 ㉠+㉡=0.43+0.36=0.79

**21** ㉠ 0.8　㉡ 1.1　㉢ 0.58　㉣ 0.53

**24** 9.25−4.4=4.85, 2.6+2.27=4.87

**25** 5.32+1.81=7.13, 7.13−2.54=4.59

**27** (가영이네 집~학교)+(학교~우체국)
=5.17+4.241=9.411(km)

**28** (예슬이의 몸무게)+(동생의 몸무게)
=33.5+27.84=61.34(kg)

**29** 2.56<3.12이므로 소나무가
3.12−2.56=0.56(m) 더 큽니다.

**30** ① 0.78　② 1.15　③ 1.42　④ 0.868　⑤ 1.162
0.78<0.868<1.15<1.162<1.42

**31** 1이 8개 ⇨ 8, 0.1이 0개 ⇨ 0,
0.01이 1개 ⇨ 0.01,
0.001이 5개 ⇨ 0.005이므로
8+0+0.01+0.005=8.015입니다.
따라서 8.015보다 0.72 큰 수는
8.015+0.72=8.735입니다.

**32** 9.61+7.052=16.662(m)

**33** (참외 2개의 무게)=0.46+0.46=0.92(kg)
(참외가 담긴 바구니의 무게)
=(바구니의 무게)+(참외 2개의 무게)
=0.893+0.92=1.813(kg)
따라서 참외가 담긴 바구니의 무게는 1.813 kg입니다.

**34** 1 cm=0.01 m이므로 영수가 가지고 있는 색 테이프의 길이는 92 cm=0.92 m입니다.
따라서 두 사람이 가지고 있는 색 테이프의 길이는 모두 0.92+0.87=1.79(m)입니다.

**35** 11.2−7.42=3.78

**37** 0.1이 5개 ⇨ 0.5, 0.01이 14개 ⇨ 0.14이므로
0.5+0.14=0.64
0.1이 2개 ⇨ 0.2, 0.01이 69개 ⇨ 0.69이므로
0.2+0.69=0.89
따라서 0.89−0.64=0.25입니다.

**38** ① 2.62  ② 1.39  ③ 1.08  ④ 0.58  ⑤ 1.846

**39** 0.8−0.219=0.581(m)

**40** 13.62>8.756이므로
감자가 13.62−8.756=4.864(kg) 더 많습니다.

**41** 가장 작은 소수 세 자리 수: 3.478,
두 번째로 작은 소수 세 자리 수: 3.487,
세 번째로 작은 소수 세 자리 수: 3.748
따라서 3.748−1.96=1.788입니다.

**42** 0.1이 52개 ⇨ 5.2, 0.01이 15개 ⇨ 0.15,
0.001이 46개 ⇨ 0.046 이므로 1이 5개, 0.1이 3개,
0.01이 9개, 0.001이 6개인 수입니다. ⇨ 5.396

**43** 20.94의 $\frac{1}{10}$인 수는 2.094이므로 소수 셋째 자리
숫자는 4입니다.

**44** □의 $\frac{1}{100}$인 수는 4.927이므로 □는 4.927의
100배인수입니다. 따라서 □=492.7입니다.

**45** 28.37의 $\frac{1}{10}$인 수: 2.837 ⎤
2.808의 10배인 수: 28.08 ⎦ ⇨ 2.837<28.08

**46** 3.99<4.27<4.5<4.503<4.613<4.8<4.85

**47** 61.8□4<61.832에서 □ 안에 3을 넣으면
61.834>61.832가 되므로 3은 들어갈 수 없습니다.
따라서 □ 안에는 3보다 작은 숫자인 0, 1, 2가
들어갈 수 있습니다.

**48** ㉠ 13.11 ㉡ 14.167 ㉢ 14.14 ㉣ 12.213
⇨ 14.167>14.14>13.11>12.213

**49** 17.958−7.018−4.24=6.7(m)

**50** ㉠+4.813=13.04, ㉠=13.04−4.813=8.227
㉡=13.04−7.62=5.42

**51** 어떤 수를 □라고 하면
□+0.41=1.58, □=1.58−0.41=1.17입니다.
따라서 바르게 계산하면 1.17−0.41=0.76입니다.

**52** ㉠: 4.68+0.87−0.29=5.55−0.29=5.26
㉡: 3.7+1.6−0.554=5.3−0.554=4.746
⇨ ㉠−㉡=5.26−4.746=0.514

**53** (색 테이프 2장의 길이)−(겹쳐진 부분의 길이)

=1.93+1.93−0.2=3.86−0.2=3.66(m)

**54** 어떤 수를 □라고 하면 □−1.37=4.234,
□=4.234+1.37=5.604입니다.
⇨ 5.604+2.19=7.794

**55** 1cm=0.01m이므로 12cm=0.12m입니다.
따라서 (동생의 키)=(한별이의 키)−0.12=1.31−
0.12=1.19(m)입니다.

**56** (1) □=7.69−1.39=6.3
(2) □=6.52−3.038=3.482
(3) □=9.243−4.28=4.963
(4) □=7.256+5.47=12.726

**57** (끈 2개의 길이의 합)=5.84+5.84=11.68(m)
(매듭의 길이)=11.68−10.69=0.99(m)

**58** 9.73−2.18−3.659=3.891(kg)

**59** (남아 있는 물의 양)
=(처음 들어 있던 물의 양)−(마신 물의 양)+(다시
채워놓은 물의 양)
=0.98−0.84+0.21=0.14+0.21=0.35(L)

**60** (도서관~서점)
=(집~서점)+(도서관~학교)−(집~학교)
=0.98+1.31−2.09=2.29−2.09=0.2(km)

**61** 가장 큰 소수 두 자리 수: 74.21
가장 작은 소수 두 자리 수: 12.47
따라서 74.21+12.47=86.68입니다.

**62** 가장 작은 소수 두 자리 수: 12.47
두 번째로 작은 소수 두 자리 수: 12.74
따라서 12.74−12.47=0.27입니다.

**63** (1) 　 ㉠.㉡ 9 6
　　 + 0 . 7 ㉢
　　 ─────────
　　　 6 . 9 6 ㉣

　㉣=6, 9+㉢=16 ⇨ ㉢=7,
　1+㉡+7=9 ⇨ ㉡=1,
　㉠+0=6 ⇨ ㉠=6
(2) 　 8 . 4 ㉠
　 − 5 . ㉡ 4 2
　 ─────────
　　 ㉢ . 8 0 8

　㉠−1−4=0 ⇨ ㉠=5,
　10+4−㉡=8 ⇨ ㉡=6,
　8−1−5=㉢ ⇨ ㉢=2

**64** 10.435−2.91=7.525 ⇨ 7.525<7.□13에서 자
연수가 같고, 소수 둘째 자리가 2>1이므로 소수 첫
째 자리는 5<□이어야 합니다.

따라서 □ 안에 들어갈 수 있는 숫자는 6, 7, 8, 9로 모두 4개입니다.

| | |
|---|---|
| **1** 38.799 | **2** ●: 5.43, ▲: 543 |
| **3** 1.43 m | **4** ㉢, ㉠, ㉡ |
| **5** 31.1 kg | **6** 1.12 m |
| **7** 56.45 kg | **8** 0.56 m |
| **9** 6.5 cm | **10** 6.019 |
| **11** 6개 | **12** 2.6 |
| **13** 7.57 | **14** 0.278 |
| **15** 10개 | **16** 43.21 MB |

**1** 1이 38개 ⇨ 38
0.1이 6개 ⇨ 0.6
0.01이 19개 ⇨ 0.19 ⇨ 0.1이 1개, 0.01이 9개
0.001이 9개 ⇨ 0.009
1이 38개, 0.1이 7개, 0.01이 9개, 0.001이 9개인 수와 같으므로 38.799입니다.

**2** ●는 0.543의 10배인 5.43입니다.
따라서 5.43의 100배인 ▲는 543입니다.

**3** (처음에 가지고 있던 철사의 길이)
=(사용한 철사의 길이)+(남은 철사의 길이)
=(0.31+0.31+0.31+0.31)+0.19
=1.24+0.19=1.43(m)

**4** ㉠의 □안에 가장 큰 숫자 9를 넣어도 ㉡의 소수 첫째 자리 숫자가 ㉠의 소수 첫째 자리 숫자보다 크므로 ㉡>㉠입니다. ㉠의 □안에 가장 작은 숫자 0을 넣고 ㉢의 □안에 가장 큰 숫자 9를 넣어도 ㉠>㉢입니다.
따라서 ㉢<㉠<㉡입니다.

**5** (석기의 몸무게)=(상연이의 몸무게)+1.32
=33.25+1.32=34.57(kg)
(영수의 몸무게)=(석기의 몸무게)−3.47
=34.57−3.47=31.1(kg)

**6** (정사각형을 만드는 데 사용한 끈의 길이)
=0.72+0.72+0.72+0.72=2.88(m)
(남은 끈의 길이)=4−2.88=1.12(m)

**7** 어떤 소수의 100배는 소수점을 오른쪽으로 2칸 이동하면 됩니다. 오렌지 100개의 무게는 0.558 kg의

100배이므로 55.8 kg입니다.
따라서 0.65+55.8=56.45(kg)입니다.

**8** (색 테이프 3장의 길이의 합)
=3.75+6.27+3.04=13.06(m)
(겹쳐진 부분의 길이)=13.06−12.5=0.56(m)

**9** (가로)+(세로)=11(cm)이므로
(세로)=11−(가로)=11−4.5=6.5(cm)

**10** 일의 자리 숫자는 소수 첫째 자리 숫자보다 6 큰 수이므로 일의 자리 숫자는 6, 소수 첫째 자리 숫자는 0입니다.
6.02보다 작은 소수 세 자리 수이므로 6.0㉠㉡이고, ㉠은 2보다 작은 숫자입니다. ㉠과 ㉡의 합이 10이므로 ㉠=1, ㉡=9입니다.
따라서 조건을 만족하는 수는 6.019입니다.

**11** 4.003<□<4.01에서 □ 안에 알맞은 소수 세 자리 수는 4.004, 4.005, 4.006, 4.007, 4.008, 4.009로 모두 6개입니다.

**12** 수직선에서 작은 눈금 5칸이 0.1을 나타냅니다.
0.02+0.02+0.02+0.02+0.02=0.1이므로 수직선의 작은 눈금 한 칸의 크기는 0.02입니다.
따라서 ㉠=1.2+0.02+0.02=1.24이고,
㉡=1.3+0.02+0.02+0.02=1.36입니다.
⇨ ㉠+㉡=1.24+1.36=2.6

**13** 7.28●1.76=7.28−1.76=5.52
5.52★3.47=(5.52+5.52)−3.47
=11.04−3.47=7.57

**14** 어떤 수를 □라고 하면
3−1.482=0.62+0.62+□, 1.518=1.24+□
□=1.518−1.24, □=0.278

**15** 5.□3<6에서 □는 0~9까지의 수가 될 수 있으므로 모두 10개입니다.

**16** 용량이 큰 것부터 넣어 봅니다.
만화 영화, 율동 동영상, 사진 모음을 저장하면
505.9+145.25+49.38=700.53(MB)로
700MB를 넘습니다.
따라서 최대한 많은 용량을 저장할 수 있는 방법은 만화 영화, 율동 동영상, 악보 모음 3개의 파일을 저장하는 것입니다.
505.9+145.25+5.64=656.79(MB)이므로
남은 CD의 용량은 700−656.79=43.21(MB)입니다.

## step 5 응용실력 높이기    82~85쪽

| | |
|---|---|
| **1** 12개 | **2** 1.372 km |
| **3** 9, 7, 5, 8, 2, 3 | **4** 0, 9, 9, 9 |
| **5** 2.483 | **6** 6.68 km |
| **7** 0.72 km | **8** 50개 |
| **9** 21 | **10** 1.38 |
| **11** 7.065 | **12** 53 |
| **13** ㉠ | **14** 0.941 |
| **15** 123 | |

**1** 소수 한 자리 수: 26.9, 29.6, 62.9, 69.2, 92.6, 96.2 ⇨ 6개
소수 두 자리 수: 2.69, 2.96, 6.29, 6.92, 9.26, 9.62 ⇨ 6개
따라서 6+6=12(개)입니다.

**2** (새로 만든 밭의 가로)
=0.75+0.256=1.006(km)
(새로 만든 밭의 세로)
=0.75−0.384=0.366(km)
⇨ (새로 만든 밭의 가로와 세로의 합)
=1.006+0.366=1.372(km)

**3** 소수 둘째 자리 숫자의 차가 2이므로
두 숫자의 차가 2가 되는 경우를
찾아보면 5−3=2, 7−5=2, 9−7=2가
있습니다.
$$\begin{array}{r} 9.75 \\ -\ 8.23 \\ \hline 1.52 \end{array}$$
소수 둘째 자리 숫자가 3과 5일 때 남은 수는 2, 7, 8, 9이고 9−8=1, 7−2=5이므로 위와 같이 뺄셈 식이 성립됩니다.
소수 둘째 자리 숫자가 5와 7, 7과 9일 때에는 뺄셈 식이 성립되는 두 소수를 찾을 수 없습니다.

**4** 158.1㉠8<158.10㉡이므로 ㉠=0, ㉡>8에서 ㉡=9입니다. 158.109<15㉢.081이므로 ㉢>8 에서 ㉢=9입니다. 159.081<159.0㉣이므로 ㉣>8에서 ㉣=9입니다.

**5** 0.1이 31개, 0.001이 2015개인 수는 3.1+2.015=5.115이고
0.1이 2개, 0.01이 136개, 0.001이 1072개인 수는 0.2+1.36+1.072=2.632입니다.
따라서 두 수의 차는 5.115−2.632=2.483입니다.

**6** 트럭은 오토바이보다 2.09 km 더 갔고, 버스보다 3.81 km 더 갔으므로
(오토바이와 버스가 간 거리의 차)
=3.81−2.09=1.72(km)입니다.
택시는 오토바이보다 4.96 km 더 갔고 오토바이는 버스보다 1.72 km 더 갔으므로
(택시와 버스가 간 거리의 차)
=4.96+1.72=6.68(km)입니다.

**7** (웅이가 3시간 동안 걷는 거리)
=4.2+4.2+4.2=12.6(km)
(솔별이가 3시간 동안 걷는 거리)
=3.96+3.96+3.96=11.88(km)
(3시간 후 두 사람 사이의 거리)
=12.6−11.88=0.72(km)

**별해** 두 사람이 같은 방향으로 움직이므로 빠르기의 차를 이용합니다. 한 시간 동안에 웅이는 솔별이보다 4.2−3.96=0.24(km)씩 더 멀리 가므로 3시간 동안에는 0.24+0.24+0.24=0.72(km) 더 멀리 갑니다.

**8** 2.□□7>2.5에서 □□는 50부터 99까지 될 수 있으므로 99−49=50(개)입니다.

**9** 3보다 크고 4보다 작은 수이므로 일의 자리 숫자는 3입니다.
소수를 $\frac{1}{100}$배 하면 소수 셋째 자리 숫자가 6이므로 처음 소수의 소수 첫째 자리 숫자는 6입니다.
소수를 10배하면 소수 둘째 자리 숫자가 7이므로 처음 소수의 소수 셋째 자리 숫자는 7입니다.
일의 자리 숫자와 소수 둘째 자리 숫자의 합이 8이므로 소수 둘째 자리 숫자는 5입니다.
따라서 조건을 모두 만족하는 소수는 3.657입니다.
⇨ 3+6+5+7=21

**10** 가는 공통 부분이므로 5.82+나=7.2+다입니다.
따라서 나−다=7.2−5.82=1.38입니다.

**11** 7.㉠㉡㉢에서 ㉢과 ㉠의 차가 5인 경우를 생각합니다. (㉠, ㉢)은 (0, 5), (1, 6), (2, 7), (3, 8), (4, 9)이고 이 중 마지막 조건을 만족하는 경우는 (0, 5)입니다.
따라서 ㉠=0, ㉡=6, ㉢=5가 되어 7.065입니다.

**12** ▲=3이므로 12−♥=7에서 ♥=5입니다.
따라서 ♥▲는 53입니다.

**13** (㉠+㉡)+(㉡+㉢)+(㉠+㉢)
=3.2+2.65+4.15=10
(㉠+㉡+㉢)+(㉠+㉡+㉢)=10이므로
㉠+㉡+㉢=5입니다.
㉠=5−(㉡+㉢)=5−2.65=2.35
㉡=5−(㉠+㉢)=5−4.15=0.85

©=5-(㉠+㉡)=5-3.2=1.8
따라서 가장 큰 수는 ㉠입니다.

**14**
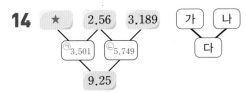

0.24+0.35=0.59이므로 [보기]의 규칙은
가+나=다입니다.
㉡=2.56+3.189=5.749
㉠+5.749=9.25 ⇨ ㉠=9.25-5.749=3.501
★+2.56=3.501 ⇨ ★=3.501-2.56=0.941

**15** 어떤 세 자리 수를 ㉠㉡㉢이라고 하면 어떤 세 자리
수의 $\frac{1}{10}$은 ㉠㉡.㉢이고,

어떤 세 자리 수의 $\frac{1}{100}$은 ㉠.㉡㉢입니다.

```
  ㉠ ㉡ . ㉢
+   ㉠ . ㉡ ㉢
─────────────
  1 3 . 5 3
```

㉢=3, 3+㉡=5 ⇨ ㉡=2,
2+㉠=3 ⇨ ㉠=1
따라서 어떤 세 자리 수는
123입니다.

## 단원평가  `86~88쪽`

**1** 1.356, 일 점 삼오육   **2** ③
**3** (1) 0.248, 248   (2) 10, 100
**4** ㉢, ㉣, ㉡, ㉠
**5** (1) <   (2) >   (3) <   (4) >
**6** 100배   **7** ③
**8** 1.43   **9** 5.48
**10** (1) 0.38   (2) 0.27   **11** 10.151
**12** 12.029, 5.74, 3.369, 2.92
**13** 3.87, 4.27   **14** 2.37 L
**15** 10.19   **16** 0.56
**17** 0, 1, 2
**18** 1이 5개, 0.001이 96개인 수는 5.096입니다.
따라서 5.096보다 크고 5.1보다 작은 소수
세 자리 수는 5.097, 5.098, 5.099로 3개입니다.
**19** 어떤 수를 □라 하면 □+1.51=3.787,
□=3.787-1.51=2.277입니다. 따라서 바르게
계산하면 2.277-1.51=0.767입니다.
**20** 정사각형을 만드는 데 사용한 철사의 길이는
0.214+0.214+0.214+0.214=0.856(m)입니

---

다. 따라서 예슬이가 처음에 가지고 있던 철사의 길
이는 0.856+0.48=1.336(m)입니다.

**1** 수직선에서 작은 눈금 한 칸은 0.01을 똑같이 10으
로 나눈 것 중의 1이므로 0.001이고, 화살표로 표시
한 곳은 1.35에서 6칸(0.006) 더 간 것이므로
1.356입니다.

**6** 각 숫자가 나타내는 자릿값을 알아보면 ㉠은 2,
㉡은 0.02입니다. 따라서 ㉠은 ㉡의 100배입니다.

**7** ① 0.9 ② 0.4 ③ 0.3 ④ 0.6 ⑤ 0.9

**8** 0.87+0.56=1.43

**9** ㉠ 4.53+5.62=10.15
㉡ 9.52-4.85=4.67
⇨ 10.15-4.67=5.48

**10** (1) □=0.83-0.45=0.38
(2) □=0.64-0.37=0.27

**11** 가장 큰 수: 5.761, 가장 작은 수: 4.39
5.761+4.39=10.151

**13**
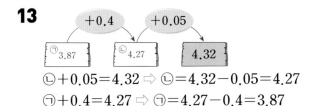

㉡+0.05=4.32 ⇨ ㉡=4.32-0.05=4.27
㉠+0.4=4.27 ⇨ ㉠=4.27-0.4=3.87

**14** (남아 있는 휘발유의 양)
=(처음 휘발유의 양)-(오전에 사용한 휘발유의 양)
  -(오후에 사용한 휘발유의 양)
=10-3.47-4.16=6.53-4.16=2.37(L)

**15** • ㉠은 45.9의 $\frac{1}{10}$인 수이므로 4.59입니다.
• ㉡은 ㉠보다 6.8 큰 수이므로
  ㉡=4.59+6.8=11.39입니다.
• ㉢은 ㉡보다 1.2 작은 수이므로
  ㉢=11.39-1.2=10.19입니다.

**16** 0.14씩 커지는 규칙으로 늘어놓은 것입니다.
따라서 10번째 수는 6번째 수보다
0.14+0.14+0.14+0.14=0.56만큼 더 큽니다.

**17** 7.21-4.98=2.23
2.23>2.□1에서 자연수가 같고 소수 둘째 자리 숫
자가 3>1이므로 소수 첫째 자리 숫자는 2와 같거나
작아야 합니다.
따라서 □ 안에 들어갈 수 있는 숫자는 0, 1, 2입니
다.

# 4. 사각형

1 (1) 수직 (2) 수선    2 ( )( )( ○ )
3 ㉢             4 평행
5 라                6 ㉢
7 ㉡

6 평행선 사이의 수선의 길이를 평행선 사이의 거리라고 합니다.

유형 1 ㉡

1-1 변 ㄱㄴ, 변 ㄹㄷ

1-2 (1) 예      (2) 예

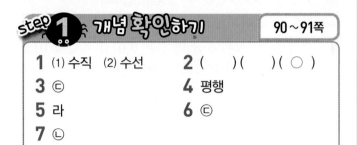

1-3

1-4 직선 가, 직선 다

1-5 직선 마

1-6 선분 ㄱㅂ

1-7 ⑤

유형 2 직선 가와 직선 나, 직선 다와 직선 마

2-1 3쌍

2-2 예

2-3 예

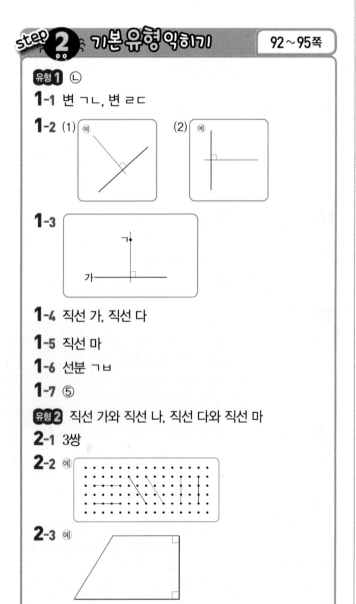

2-4 변 ㄴㄷ

2-5 가

2-6 ㉢

2-7 직선 가와 나, 직선 라와 바

2-8 예 가

2-9 ⑤

2-10 (1) 변 ㄱㄴ과 변 ㄹㄷ, 변 ㄱㄹ과 변 ㄴㄷ
       (2) 변 ㄱㄹ과 변 ㄴㄷ

2-11 3개

유형 3 ④

3-1 12 cm

3-2 (1) 2 cm (2) 1.5 cm

3-3 예

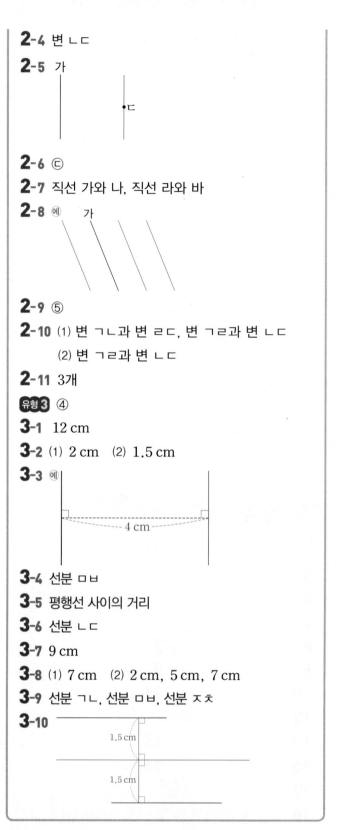

4 cm

3-4 선분 ㅁㅂ

3-5 평행선 사이의 거리

3-6 선분 ㄴㄷ

3-7 9 cm

3-8 (1) 7 cm (2) 2 cm, 5 cm, 7 cm

3-9 선분 ㄱㄴ, 선분 ㅁㅂ, 선분 ㅈㅊ

3-10

1.5 cm

1.5 cm

유형 1 두 직선이 만나서 이루는 각이 직각일 때 두 직선은 서로 수직이라고 합니다.

1-1 변 ㄴㄷ과 수직으로 만나는 변은 변 ㄱㄴ과 변 ㄹ ㄷ입니다.

1-3 직선 가에 수직인 직선은 셀 수 없이 많이 그을 수 있지만, 그 중 주어진 점을 지나는 직선은 한 개 그을 수 있습니다.

**1-5** 직선 가와 수직으로 만나는 직선은 직선 마입니다.

**1-6** 선분 ㄴㅇ과 선분 ㄱㅂ은 서로 수직으로 만납니다.

**1-7** ⑤는 직각이 없습니다.

**2-3**

**2-5** 점 ㄷ을 지나고 직선 가와 평행한 직선은 1개뿐입니다.

**2-6** ⓒ 서로 평행한 변이 없는 사각형도 있습니다.

**2-7** 서로 만나지 않는 두 직선은 직선 가와 나, 직선 라와 바입니다.

**2-8** 직선 가와 평행한 직선은 무수히 많이 그릴 수 있습니다.

**2-9** 수직인 변이 있는 도형: ⑤
평행한 변이 있는 도형: ①, ②, ④, ⑤

**2-10** 마주 보는 두 변이 서로 평행한 변을 찾아봅니다.

**2-11**
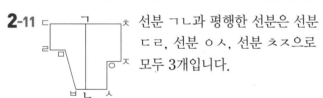 선분 ㄱㄴ과 평행한 선분은 선분 ㄷㄹ, 선분 ㅇㅅ, 선분 ㅊㅈ으로 모두 3개입니다.

**3-2** 평행선 사이의 수선의 길이를 재어 봅니다.

**3-6** 선분 ㄱㄴ과 선분 ㄹㄷ은 서로 평행합니다

**3-7** 변 ㄱㅅ과 변 ㄹㅁ 사이의 거리는 변 ㄱㄴ의 길이와 변 ㄷㄹ의 길이의 합과 같습니다.
따라서 변 ㄱㅅ과 변 ㄹㅁ 사이의 거리는
5+4=9(cm)입니다.

**1** (1) 가, 나 (2) 사다리꼴    **2** (사다리꼴, 평행사변형)

**3** (1) 75, 105 (2) 6, 8

**4** (1) 2 cm, 2 cm, 2 cm, 2 cm (2) 같습니다.
(3) 마름모

**5** (1) 8 cm (2) 120° (3) 변 ㄹㄷ

**6** (1) ○ (2) ×

**5** (2) 180°−60°=120°

**유형4** ⓒ, ㉣

**4-1**
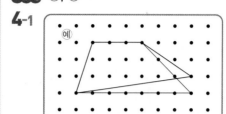

**4-2** 4개

**4-3**
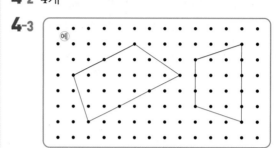

**4-4** 예

**4-5** 5개

**4-6** 마주 보는 한 쌍의 변이 서로 평행하기 때문입니다.

**4-7** ⓒ

**유형5** 가, 다

**5-1**
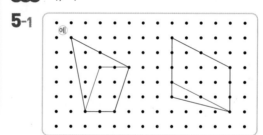

**5-2**
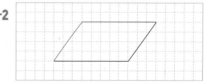

**5-3** (1) 20 cm (2) 68°    **5-4** 118, 6, 11

**5-5** 11 cm    **5-6** 135°

**5-7** 75°

**유형6** 가, 라

**6-1**
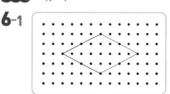

**6-2** (1) 18 cm (2) 110°    **6-3** 96 cm

**6-4** 7 cm                    **6-5** 55, 9

**6-6** 14 cm                   **6-7** 5개

**유형7** (1) 나, 마, 바 (2) 마, 바 (3) 마

**7-1** 10, 90

**7-2** (사각형)  사다리꼴  (평행사변형)
마름모  (직사각형)  정사각형

**7-3** ㉠, ㉢, ㉣                **7-4** ⑤

**7-5** 예 마름모가 아닙니다. 마름모는 네 변의 길이가
모두 같아야 하는데 평행사변형 중에는 네 변의
길이가 모두 같지 않은 것도 있기 때문입니다.

**7-6** 예 마주 보는 변의 길이가 서로 같습니다.
마주 보는 두 쌍의 변이 서로 평행합니다

**7-7** (1) ( ○ )  (2) ( × )  (3) ( × )  (4) ( × )
(5) ( ○ )

---

**유형4** 평행한 변이 있는 사각형을 찾습니다.

**4-2** 종이띠의 위와 아래에 있는 두 변이 서로 평행하므
로 잘라 낸 4개의 사각형은 모두 사다리꼴이 됩니다.

**4-3** 마주 보는 한 쌍의 변이 서로 평행하도록 사각형을
그립니다.

**4-4** 여러 가지 모양의 사다리꼴이 나올 수 있습니다.

**4-5** 사각형 2개짜리: 4개, 사각형 4개짜리: 1개
따라서 4+1=5(개)입니다.

**4-7** 직사각형은 평행한 변이 있으므로 사다리꼴이지만,
사다리꼴이라 해서 직사각형인 것은 아닙니다.

**유형5** 마주 보는 두 쌍의 변이 서로 평행한 사각형을 찾
습니다.

**5-1** 마주 보는 두 쌍의 변이 서로 평행하도록 한 꼭짓점
을 옮깁니다.

**5-3** (1) 마주 보는 변의 길이는 같으므로
(변 ㄱㄴ)=(변 ㄹㄷ)=20 cm입니다.
(2) 마주 보는 각의 크기는 같으므로
(각 ㄱㄹㄷ)=(각 ㄱㄴㄷ)=68°입니다.

**5-4** 평행사변형에서 이웃하는 두 각의 크기의 합은
180°이므로 □=180°-62°=118°입니다.

**5-5** {(변 ㄱㄴ)+(변 ㄴㄷ)}×2=34
(변 ㄴㄷ)=34÷2-6=11(cm)

**5-6** (각 ㄴㄷㄹ)=180°-45°=135°
평행사변형은 마주 보는 각의 크기가 서로 같으므로
(각 ㄴㄱㄹ)=(각 ㄴㄷㄹ)=135°입니다.

---

**5-7** (각 ㄴㄷㄹ)=180°-55°=125°
(각 ㄱㄷㄹ)=(각 ㄴㄷㄹ)-(각 ㄴㄷㄱ)
=125°-50°=75°

**유형6** 네 변의 길이가 모두 같은 사각형을 찾습니다.

**6-2** (1) 네 변의 길이가 모두 같으므로
(변 ㄱㄹ)=(변 ㄱㄴ)=18 cm입니다.
(2) 마주 보는 각의 크기가 같으므로
(각 ㄴㄱㄹ)=(각 ㄴㄷㄹ)=110°입니다.

**6-3** 마름모는 네 변의 길이가 모두 같으므로 마름모의
네 변의 길이의 합은 24×4=96(cm)입니다.

**6-4** 28÷4=7(cm)

**6-5**

마름모의 네 변의 길이
는 모두 같으므로
㉡=9 c m이고 마주
보는 각의 크기가 같으
므로 ㉠=55°입니다.

**6-6** 이웃하지 않은 두 꼭짓점을 이은 선분끼리는 서로
수직으로 만나고 이등분하므로 구하는 길이는
(5+2)×2=14 (cm)입니다.

**6-7** 작은 마름모 1개짜리: 4개,
작은 마름모 4개짜리: 1개
따라서 4+1=5(개)입니다.

**7-1** 직사각형은 네 각의 크기가 모두 90°이고, 마주 보
는 변의 길이가 같습니다.

**7-2** 마주 보는 두 쌍의 변이 서로 평행하므로 사다리꼴
이면서 평행사변형입니다. 또 네 각이 모두 직각인
사각형이므로 직사각형입니다.

---

**step 3 기본유형 다지기**  102~107쪽

**1** 변 ㄱㅁ, 변 ㄴㄷ          **2** ⑤

**3** 2쌍

**4** 직선 라, 직선 마

**5** 12군데                    **6** 50°

**7** ③

**8** ㉢, ㉠, ㉣, ㉡

---

**9**

**10**

**11** 직선 다      **12** 선분 ㅅㅇ

**13** 선분 ㅅㅇ

**14** (1) ( ○ ) (2) ( × ) (3) ( ○ ) (4) ( ○ )

**15** 12 cm      **16** ㉢

**17** ㉠, ㉣

**18** 직선 가와 직선 다, 직선 라와 직선 바

**19** 6쌍      **20** ㉣, ㉡, ㉢, ㉠

**21**

**22** 4.8 cm      **23** 6 cm

**24** 48 cm      **25** 95°

**26** 사다리꼴      **27** ㉡, ㉢

**28** 26 cm      **29** 6개

**30** 사다리꼴, 평행사변형      **31** 130, 50

**32** 12 cm      **33** 125°

**34** 120°      **35** 8 cm

**36**

**37** 70°      **38** (1) 60, 7 (2) 140, 5

**39** 32 cm      **40** 24 cm

**41** 50°      **42** 40°

**43** 64 cm      **44** ③

**45** 마름모, 평행사변형, 사다리꼴

**3** 직선 나와 직선 바, 직선 다와 직선 마가 만나서 이루는 각은 직각이므로 서로 수직입니다.
따라서 서로 수직인 직선은 모두 2쌍 있습니다.

**6** 선분 ㄷㅁ은 선분 ㄴㅁ에 대한 수선이므로 선분 ㄷㅁ과 선분 ㄴㅁ은 서로 수직입니다.
따라서 (각 ㄱㅁㄴ)=180°−90°−40°=50°입니다.

**14** (2) 한 직선에 평행한 두 직선은 서로 평행합니다.

**15** 도형에서 평행선 사이의 거리는 변 ㄴㄷ의 길이입니

다. 삼각형의 세 각의 크기의 합은 180°이므로
(각 ㄹㄴㄷ)=180°−90°−45°=45°이고, 각 ㄹㄴ
ㄷ과 각 ㄴㄹㄷ의 크기가 같으므로 삼각형 ㄹㄴㄷ은
이등변삼각형입니다.
따라서 평행선 사이의 거리인 변 ㄴㄷ의 길이는
(변 ㄴㄷ)=(변 ㄷㄹ)=12 cm입니다.

**16** 평행선 사이의 거리를 나타내는 선분, 즉 평행선 사이의 수선의 길이가 가장 짧으므로 가 지점과 ㉢ 지점을 연결하는 육교를 놓아야 합니다.

**19** 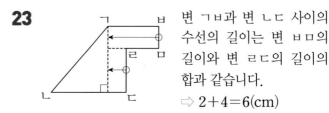 변 ㄱㅂ과 변 ㄹㅁ, 변 ㄱㅂ과 변 ㄴㄷ, 변 ㄹㅁ과 변 ㄴㄷ, 변 ㄱㄴ과 변 ㄹㄷ, 변 ㄱㄴ과 변 ㅂㅁ, 변 ㄹㄷ과 변 ㅂㅁ ⇨ 6쌍

**20** ㉠ 없음, ㉡ 2쌍, ㉢ 1쌍, ㉣ 3쌍
⇨ ㉣ > ㉡ > ㉢ > ㉠

**22** 먼저 도형에서 평행선을 찾아보면 변 ㄱㄴ과 변 ㄹㄷ입니다. 따라서 변 ㄴㄷ이 평행선 사이의 수직인 선분이므로 평행선 사이의 거리는 변 ㄴㄷ의 길이인 4.8 cm입니다.

**23** 변 ㄱㅂ과 변 ㄴㄷ 사이의 수선의 길이는 변 ㅂㅁ의 길이와 변 ㄹㄷ의 길이의 합과 같습니다.
⇨ 2+4=6(cm)

**24** 평행선 사이의 거리가 8 cm이므로 도형의 둘레는 10+6+12+8+12=48(cm)입니다.

**25** 평행선과 한 직선이 만날 때 생기는 반대 쪽의 각의 크기는 같으므로 (각 ㄹㄴㄷ)=(각 ㄱㄹㄴ)=30°입니다. 따라서 삼각형 ㄴㄷㄹ에서
(각 ㄴㄷㄹ)=180°−(30°+55°)=95°입니다.

**26** 마주 보는 한 쌍의 변이 서로 평행한 사각형이 됩니다.

**27** 사다리꼴은 마주 보는 한 쌍의 변이 서로 평행한 사각형이므로 각 점을 연결했을 때 마주 보는 한 쌍의 변이 평행하도록 그려지는 점을 찾습니다.

**28** 사다리꼴은 마주 보는 한 쌍의 변이 서로 평행하므로 변 ㄱㄹ과 변 ㄴㄷ은 서로 평행합니다. 평행선 사이의 거리가 4 cm이므로 변 ㄱㄴ의 길이는 4 cm입니다.
따라서 네 변의 길이의 합은
4+7+5+10=26(cm)입니다.

**29** 사각형 1개짜리: 3개, 사각형 2개짜리: 2개, 사각형

3개짜리: 1개 ⇨ 3+2+1=6(개)

**30** 마주 보는 두 쌍의 변이 서로 평행하고, 마주 보는 변의 길이와 마주 보는 각의 크기가 같습니다

**31** 마주 보는 각의 크기는 같고, 이웃하는 두 각의 크기의 합은 180°입니다.

**32** 평행사변형은 마주 보는 변의 길이가 같으므로
(변 ㄱㄴ)=(변 ㄹㄷ)=8 cm, (변 ㄱㄹ)=(변 ㄴㄷ)입니다.
따라서 (변 ㄱㄹ)=(40−8−8)÷2=12(cm)입니다.

**33** (각 ㄴㄷㄹ)=180°−55°=125°이므로 마주 보는 각인 (각 ㄴㄱㄹ)=(각 ㄴㄷㄹ)=125°입니다.

**34** ㉠=90°−30°=60°
평행사변형의 이웃하는 두 각의 크기의 합은 180°이므로 (각 ㄱㅂㄷ)=180°−60°=120°입니다.

**35** 사각형 ㄱㄴㄷㄹ은 사다리꼴이므로 변 ㄱㄹ과 변 ㄴㄷ은 서로 평행하고, 선분 ㄱㅁ과 변 ㄹㄷ도 서로 평행하므로 사각형 ㄱㅁㄷㄹ은 평행사변형입니다.
따라서 (선분 ㅁㄷ)=(변 ㄱㄹ)=9 cm이므로
(선분 ㄴㅁ)=17−9=8(cm)입니다.

**36** 네 변의 길이가 모두 같은 사각형을 그립니다.

**37** 이웃하는 두 각의 크기의 합은 180°이므로
(각 ㄴㄱㄹ)=180°−40°=140°입니다.
따라서 (각 ㄷㄱㄹ)=140°÷2=70°입니다.

**39** 삼각형 ㄱㄴㄷ은 이등변삼각형이므로
(선분 ㄱㄷ)=(선분 ㄱㄴ)=8 cm입니다.
사각형 ㄱㄷㄹㅁ은 마름모이고 한 변의 길이가 8 cm이므로 네 변의 길이의 합은 8×4=32(cm)입니다.

**40** 마름모의 네 변의 길이의 합이 96 cm이고 마름모는 네 변의 길이가 모두 같습니다.
따라서 한 변의 길이는 96÷4=24(cm)입니다.

**41** 이웃하는 두 각의 크기의 합은 180°이므로
(각 ㄱㄴㄷ)=180°−80°=100°입니다.
따라서 (각 ㄹㄴㄷ)=100°÷2=50°입니다.

**42** 이웃하는 두 각의 크기의 합이 180°이므로
(각 ㄴㄷㄹ)=140°입니다.
따라서 ㉠의 크기는 180°−140°=40°입니다.

**43** 정사각형은 네 변의 길이가 모두 같으므로 네 변의 길이의 합은 16+16+16+16=64(cm)입니다.

**44** 직사각형은 네 변의 길이가 모두 같지 않을 수 있으므로 정사각형이라고 할 수 없습니다.

**45** 네 변의 길이가 모두 같으므로 마름모입니다. 또 마주 보는 두 쌍의 변이 서로 평행하므로 평행사변형이고, 사다리꼴이기도 합니다.

### step 4 응용실력기르기  108~111쪽

| | | | |
|---|---|---|---|
| **1** 40° | | **2** 직선 바 | |
| **3** ㉡, ㉣ | | **4** 16 cm | |
| **5** 140° | | **6** 31.3 cm | |
| **7** 7쌍 | | **8** 75° | |
| **9** 4가지 | | **10** 10 cm | |
| **11** 75° | | **12** 9개 | |
| **13** 50° | | **14** 60° | |
| **15** 154 cm | | **16** 60 cm | |

**1** 수직인 직선을 그었을 때 삼각형 ㄱㄴㅁ의 세 각의 크기의 합은 180°이므로
(각 ㄱㄴㅁ)=180°−90°−50°=40°입니다.

**2** • 수직 관계: 직선 가와 사, 직선 나와 라
• 평행 관계: 직선 다와 마

**3** ㉡ 서로 수직인 선분은 변 ㄱㅁ과 변 ㄱㄴ, 변 ㄱㄴ과 변 ㄴㄷ으로 2쌍입니다.
㉣ 서로 평행한 선분은 변 ㄱㅁ과 변 ㄴㄷ으로 1쌍입니다.

**4** (직선 가와 다 사이의 거리)
= (직선 가와 나 사이의 거리)+(직선 나와 다 사이의 거리)
=12+4=16(cm)

**5** 선분 ㄱㄴ과 선분 ㄷㄹ은 서로 수직이므로
(각 ㄷㅇㄴ)=90°이고,
(각 ㄷㅇㅁ)=90°−50°=40°입니다.
따라서 (각 ㄷㅇㅂ)=180°−40°=140°입니다.

**6** 삼각형 ㄷㄹㅁ의 세 각의 크기의 합은 180°이므로
(각 ㄹㄷㅁ)=180°−90°−45°=45°입니다.
삼각형 ㄷㄹㅁ은 두 각의 크기가 같은 이등변삼각형이므로 선분 ㅁㄹ의 길이는 18.8 cm입니다
또한 (각 ㄱㅁㄴ)=180°−45°−90°=45°이므로 (각 ㄱㄴㅁ)=180°−90°−45°=45°입니다. 삼각형 ㄱㄴㅁ도 두 각의 크기가 같은 이등변삼각형이므로 선분 ㄱㅁ의 길이는 12.5 cm입니다.

따라서 평행선 사이의 거리는
12.5＋18.8＝31.3(cm)입니다.

**7**
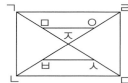
선분 ㄱㄹ과 선분 ㅁㅇ,
선분 ㄱㄹ과 선분 ㅂㅅ,
선분 ㄱㄹ과 선분 ㄴㄷ,
선분 ㅁㅇ과 선분 ㅂㅅ,
선분 ㅁㅇ과 선분 ㄴㄷ, 선분 ㅂㅅ과 선분 ㄴㄷ,
선분 ㄱㄴ과 선분 ㄹㄷ ⇨ 7쌍

**별해** 가로선이 4개이므로 가로선끼리 평행한 두 선분은 6쌍, 세로선끼리 평행한 두 선분은 1쌍입니다. 따라서 모두 7쌍 있습니다.

**8** 선분 ㄱㄴ은 선분 ㄷㄹ에 대한 수선이므로 (각 ㄷㄹㄴ)＝90°입니다. 90°를 6등분 했을 때 한 각의 크기는 90°÷6＝15°이므로 (각 ㄷㄹㅈ)＝15°×5＝75°입니다.

**9** 마주 보는 한 쌍의 변만 평행하면 되므로 각 변에 대해 평행하게 자르면 방법은 모두 4가지입니다.

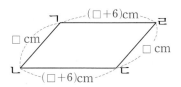

**10**

□＋(□＋6)＋□＋(□＋6)＝52,
□×4＋12＝52,
□×4＝40, □＝10
따라서 변 ㄱㄴ의 길이는 10 cm입니다.

**11** 사각형 ㄱㄴㄷㅅ과 사각형 ㄱㄷㄹㅅ은 마름모이고, 사각형 ㅅㄹㅁㅂ은 정사각형이므로 네 변의 길이가 모두 같습니다.
그러므로 삼각형 ㄱㄷㅅ과 삼각형 ㅅㄷㄹ은 정삼각형이고, 삼각형 ㄱㅅㅂ은 이등변삼각형입니다.
삼각형 ㄱㅅㅂ에서
(각 ㄱㅅㅂ)＝360°－90°－60°－60°＝150°입니다.
(각 ㅂㄱㅅ)＝(180°－150°)÷2＝15°입니다.
따라서 (각 ㅂㄱㄷ)＝60°＋15°＝75°입니다.

**12**  : 4개,  : 2개,  : 2개,  : 1개
⇨ 4＋2＋2＋1＝9(개)

**13**
130° (그림) ㄱㄴㄷㄹ
사다리꼴은 마주 보는 한 쌍의 변이 서로 평행하므로 변 ㄱㄹ과 변 ㄴㄷ은 서로 평행합니다.
(각 ㄱㄴㄷ)＝360°－130°－90°

－90°＝50°

**별해** 변 ㄱㄹ과 변 ㄴㄷ이 서로 평행하므로 이웃하는 각 ㄴㄱㄹ과 각 ㄱㄴㄷ의 합은 180°입니다.
따라서 (각 ㄱㄴㄷ)＝180°－130°＝50°입니다.

**14** 평행사변형은 마주 보는 각의 크기가 같으므로
(각 ㄹㄱㄴ)＝(각 ㄹㅁㄴ)＝45°,
(각 ㄷㄱㅅ)＝(각 ㄷㅂㅅ)＝105°입니다.
(각 ㄴㄱㄷ)＝180°－45°－105°＝30°이므로
(각 ㄱㄷㄴ)＝180°－30°－90°＝60°입니다.

**15** 큰 직사각형의 가로는 7×5＝35(cm)이고 큰 직사각형의 세로는 7＋35＝42(cm)입니다. 직사각형은 마주 보는 변의 길이가 같으므로 네 변의 길이의 합은 35＋42＋35＋42＝154(cm)입니다.

**16** (각 ㄹㅁㄷ)＝180°－58°－64°＝58°이므로 삼각형 ㄹㅁㄷ은 두 각의 크기가 같은 이등변삼각형입니다.
따라서 (변 ㄷㅁ)＝(변 ㄷㄹ)＝11 cm이고,
(변 ㄴㄷ)＝8＋11＝19(cm)입니다.
따라서 평행사변형의 네 변의 길이의 합은
11＋19＋11＋19＝60(cm)입니다.

**step 5 응용실력 높이기** 112～115쪽

| | |
|---|---|
| **1** 9쌍 | **2** 44° |
| **3** 70° | **4** 25° |
| **5** 132° | **6** 120° |
| **7** 108 cm | **8** 76° |
| **9** 72° | **10** 12개 |
| **11** 90° | **12** 150° |
| **13** 마름모, 사다리꼴, 평행사변형 | |
| **14** 17° | **15** 15° |
| **16** 69° | |

**1** 변 ㄱㄴ과 선분 ㅇㄷ, 변 ㄱㄴ과 변 ㅁㄹ, 변 ㄱㄴ과 변 ㅅㅂ, 선분 ㅇㄷ과 변 ㅁㄹ, 선분 ㅇㄷ과 변 ㅅㅂ, 변 ㅁㄹ과 변 ㅅㅂ, 변 ㅇㅅ과 변 ㅁㅂ, 변 ㅇㅅ과 변 ㄷㄹ, 변 ㅁㅂ과 변 ㄷㄹ로 모두 9쌍입니다.

**2** 종이를 접었으므로 (각 ㄷㄴㅂ)＝(각 ㄷㄴㅁ)＝22° 입니다.
변 ㄱㄴ과 변 ㄴㅂ은 서로 수직이므로
(각 ㄱㄴㅁ)＝90°－22°－22°＝46°입니다.
삼각형의 세 각의 크기의 합은 180°이므로
(각 ㄱㅁㄴ)＝180°－90°－46°＝44°입니다.

**별해** (각 ㄷㄴㅂ)=(각 ㄷㄴㅁ)=22°이므로
(각 ㅁㄴㅂ)=22°+22°=44°입니다. 평행선과 한 직선이 만날 때 생기는 반대 쪽의 각의 크기는 같으므로
(각 ㄱㅁㄴ)=(각 ㅁㄴㅂ)=44°입니다.

**3** $ⓛ$=100°-90°=10°이고, 삼각형의 세 각의 크기의 합은 180°이므로 $ⓒ$=180°-90°-10°=80°입니다.
따라서 $㉠$=180°-80°-30°=70°입니다.

**별해** 평행선과 한 직선이 만날 때 생기는 같은 쪽의 각의 크기가 같고, 직선과 직선이 만날 때 생기는 마주 보는 각의 크기가 같다는 점을 이용해 해결합니다. 따라서 100°-30°=70°입니다.

**4** 평행선 사이에 수선을 그어 문제를 해결합니다.
$ⓛ$=180°-120°=60°
$ⓒ$=180°-60°=120°
$㉣$=360°-90°-120°-85°=65°
⇨ $㉠$=90°-65°=25°

**별해** 직선 가에 평행한 선을 그어 해결합니다.
따라서 $㉠$은 25°입니다.

**5** 한 직선에 수직인 두 직선을 그었을 때 그 두 직선은 서로 평행하므로 선분 ㄱㄹ과 선분 ㄴㄷ은 서로 평행합니다. 두 평행선 사이의 수선을 점 ㅁ을 지나도록 그어 봅니다.
삼각형 ㅂㅁㄹ에서 (각 ㅂㅁㄹ)
=180°-90°-70°=20°,
삼각형 ㅁㅅㄷ에서 (각 ㅅㅁㄷ)
=180°-90°-62°=28°이므로
(각 ㄷㅁㄹ)=180°-20°-28°=132°입니다.

**별해** 점 ㅁ을 지나고 선분 ㄱㄹ과 선분 ㄴㄷ에 평행한 직선을 그어 봅니다.평행선과 한 직선이 만날 때 생기는 반대 쪽의 각의 크기는 같으므로 (각 ㄹㅁㅅ)=70°,
(각 ㄷㅁㅅ)=62°입니다.
따라서 (각 ㄷㅁㄹ)=70°+62°
=132°입니다.

**6** 두 평행선 사이의 수선을 점 ㄱ을 지나도록 그어 보면
$ⓛ$=90°-42°=48°,

$ⓒ$=180°-78°=102°입니다.
따라서 사각형의 네 각의 크기의 합은 360°이므로
$㉠$=360°-48°-102°-90°=120°입니다.

**별해** 그림과 같이 직선 가와 나에 평행한 직선을 그어 봅니다. 평행선과 한 직선이 만날 때 생기는 반대쪽의 각의 크기는 같으므로 $ⓛ$=42°, $ⓒ$=78°입니다.
따라서 $㉠$=42°+78°=120°입니다.

**7** 정삼각형은 세 변의 길이가 모두 같고 마름모는 네 변의 길이가 모두 같으므로
(선분 ㄷㄹ)=(선분 ㄹㅁ)=(선분 ㅅㄹ)입니다.
(선분 ㄷㄹ)+(선분 ㄹㅁ)=36 cm이므로
(선분 ㄷㄹ)=(선분 ㄹㅁ)=18(cm)이고
(선분 ㅅㄷ)=(선분 ㄷㄹ)=(선분 ㄹㅅ)
         =(선분 ㄹㅁ)=(선분 ㅁㅂ)
         =(선분 ㅂㅅ)=18(cm)입니다.
평행사변형 ㄱㄴㄷㅅ에서
(선분 ㅅㄷ)=(선분 ㄱㄴ)=18(cm)이고
둘레의 길이는 54 cm이므로
(선분 ㄱㅅ)+(선분 ㄴㄷ)=54-36=18(cm)
(선분 ㄱㅅ)=(선분 ㄴㄷ)이므로
(선분 ㄱㅅ)=9(cm)입니다.
(사다리꼴 ㄱㄴㅁㅂ의 둘레)
=18+9+36+18+18+9=108(cm)입니다.

**8** 직선과 직선이 만날 때 생기는 마주 보는 각의 크기는 같으므로 $ⓛ$=26°입니다. $ⓒ$=180°-26°-20°=134°,
$㉣$=180°-134°=46°
평행선과 한 직선이 만날 때 생기는 반대 쪽의 각의 크기는 같으므로 $ⓜ$=46°, $ⓗ$=30°입니다.
따라서 $㉠$=46°+30°=76°입니다.

**9** 사각형 ㄱㄴㄷㄹ은 마름모이므로
(각 ㄱㄹㄷ)=180°-42°=138°
(각 ㄹㄱㄴ)=(각 ㄹㄷㄴ)=42°
(각 ㄱㄹㅁ)=138°-105°=33°
삼각형 ㄱㅁㄹ은 이등변삼각형이므로
(각 ㄹㄱㅁ)=180°-33°-33°=114°
따라서 (각 ㉠)=114°-42°=72°

**10** 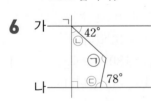 작은 삼각형 2개짜리:
①+②, ②+③, ④+⑤, ⑤+⑥,
①+④, ③+⑥ ⇨ 6개
작은 삼각형 3개짜리: ①+②+③,

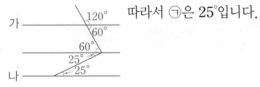

④+⑤+⑥, ②+③+⑥, ①+④+⑤,
②+①+④, ③+⑥+⑤ ➡ 6개
➡ 6+6=12(개)

**11**

똑같은 마름모 8개가 한 점에서
만나 이루는 각의 크기가 360°
이므로 ⓒ=360°÷8=45°이고,
마름모에서 이웃하는 두 각의
크기의 합은 180°이므로
ⓒ=ⓔ=180°−45°=135°입니다.
따라서 ㉠=360°−135°−135°=90°입니다.

**12** 정사각형의 한 각은 90°이고, 그 각을
3등분 하였으므로
(각 ㄴㄷㅁ)=90°÷3=30°,
(각 ㄴㄷㄹ)=90°입니다.
삼각형 ㄴㄷㄹ에서 (각 ㄷㄴㄹ)=180°−30°−90°
=60°이고, (각 ㅇㄴㄹ)=(각 ㄷㄴㄹ)=60°이므로
(각 ㄱㄴㅅ)=180°−60°−60°=60°입니다.
같은 방법으로 (각 ㄱㅂㅅ)=60°이고, 사각형 ㄱㄴㅅ
ㅂ에서 ㉠=360°−90°−60°−60°=150°입니다.

**13** 색칠한 부분의 도형은 네 변의 길이가 모두 같고,
마주 보는 두 쌍의 변이 서로 평행하므로 마름모입니
다. 마름모는 사다리꼴, 평행사변형이라 할 수 있습
니다.

**14** (변 ㄹㄷ)=(변 ㄹㅁ)=(변 ㄱㄹ)이므로 삼각형 ㄹㄷ
ㅁ은 이등변삼각형입니다.
(각 ㄷㄹㅁ)=360°−124°−90°=146°
따라서 이등변삼각형 ㄹㄷㅁ에서
(각 ㄷㅁㄹ)=(180°−146°)÷2=17°입니다.

**15** 마름모에서 마주 보는 각의 크기는 같으므로
(각 ㄱㄷㄹ)=(각 ㄱㅅㄹ)=30°입니다.
삼각형 ㅈㅂㅅ에서
(각 ㅅㅈㅂ)=180°−90°−30°=60°이므로
(각 ㄱㅈㅊ)=180°−60°=120°입니다.
사각형 ㅇㅊㅂㅅ에서
(각 ㅇㅊㅂ)=360°−90°−90°−30°=150°,
(각 ㅇㅊㅂ)=(각 ㅈㅊㅁ)=150°이고
(각 ㅈㅊㄴ)=(각 ㄴㅊㅁ)이므로
(각 ㅈㅊㄴ)=150°÷2=75°입니다.
마름모는 이웃한 각의 크기의 합이 180°이므로
(각 ㄷㄱㅅ)=180°−30°=150°입니다.
사각형 ㄱㄴㅊㅈ의 네 각의 크기의 합은 360°이므로
(각 ㄱㄴㅊ)=360°−75°−120°−150°=15°입니다.

**16** (각 ㄹㅇㅁ)=(각 ㄹㅇㄷ)=37°이고, 평행선과 한 직
선이 만날 때 생기는 반대 쪽의 각의 크기는 같으므
로 (각 ㅂㄹㅇ)=(각 ㄷㅇㄹ)=37°입니다.
따라서 삼각형 ㅂㅇㄹ에서
(각 ㄹㅂㅇ)=180°−37°−37°=106°입니다.
(각 ㅅㅂㄴ)=(각 ㄱㅂㄴ)=(180°−106°)÷2=37°
이고, 평행선과 한 직선이 만날 때 생기는 반대 쪽의
각의 크기는 같으므로
(각 ㅂㄴㅇ)=(각 ㄱㅂㄴ)=37°입니다.
➡ (각 ㄹㅂㅇ)−(각 ㅂㄴㅇ)=106°−37°=69°

## 단원평가   116~118쪽

**1** 수직    **2** 직선 마
**3** 2쌍    **4** 변 ㅂㅁ, 변 ㄷㄹ
**5** 선분 ㄷㄹ    **6** 60°
**7** 2.5 cm    **8** 12쌍
**9** 13 cm    **10** ①, ⑤
**11** 70    **12** 55, 125, 9
**13** ㉠, ⓒ, ⓔ    **14** 13 cm, 120°
**15** 10°    **16** 24 cm
**17** 71 cm

**18** 정사각형은 네 변의 길이가 모두 같고, 네 각이 모
두 직각이어야 합니다. 그런데 주어진 사각형은 네
변의 길이는 모두 같지만 네 각이 모두 직각이 아
니기 때문에 정사각형이라고 할 수 없습니다.

**19** (각 ㄴㄷㄹ)=180°−58°=122°
평행사변형에서 마주 보는 각의 크기는 같으므로
(각 ㄴㄱㄹ)=(각 ㄴㄷㄹ)=122°입니다.

**20** (각 ㄱㄷㅂ)=(각 ㄱㄷㄴ)=20°이고 직사각형의 네
각의 크기는 각각 90°이므로 삼각형 ㄱㄴㄷ에서
(각 ㄴㄱㄷ)=180°−90°−20°=70°입니다.
따라서 (각 ㅁㄱㄷ)=90°−70°=20°이므로
(각 ㄱㅁㄷ)=180°−20°−20°=140°입니다.

**3** 서로 평행한 직선은 직선 가와 나, 직선 다와 바로 모
두 2쌍입니다.

**5** 선분 ㄱㄹ과 선분 ㄴㄷ은 평행합니다.
두 평행선 사이의 수직인 선분을 찾으면 선분 ㄷㄹ이
므로 선분 ㄷㄹ의 길이를 재어야 합니다.

4. 사각형 • **31**

**6** 선분 ㄱㄴ과 선분 ㄷㄹ이 만나서 이루는 각은 90°이 므로 (각 ㄴㅅㅂ)=180°−30°−90°=60°입니다.

**7** 먼저 평행선을 찾고 두 평행선 사이의 수선의 길이를 재어 봅니다.

2.5 cm
평행

**8**
①과 ③, ①과 ⑤, ①과 ⑦, ③과 ⑤, ③과 ⑦, ⑤와 ⑦, ②와 ④, ②와 ⑥, ②와 ⑧, ④와 ⑥, ④와 ⑧, ⑥과 ⑧
⇨ 12쌍

**9** (변 ㄱㄴ과 변 ㅇㅅ 사이의 거리)
=(변 ㄴㄷ)+(변 ㅁㅇ)−(변 ㅂㅊ)
=6+9−2=13(cm)

**10** 마주 보는 한 쌍의 변이 서로 평행한 사각형을 찾습 니다.

**11** 평행사변형의 이웃하는 두 각의 크기의 합은 180°이 므로 □=180°−110°=70°입니다.

**12** 마름모는 네 변의 길이가 모두 같고 마주 보는 각의 크기도 같습니다.

**14** 마름모의 네 변의 길이는 모두 같으므로
(변 ㄱㄴ)=52÷4=13(cm)입니다.
마름모의 이웃하는 두 각의 크기의 합은 180°이므로
(각 ㄱㄴㄷ)=180°−60°=120°입니다.

**15** 직사각형은 네 각이 모두 직각이므로
(각 ㄱㄴㅁ)=180°−90°−35°=55°
(각 ㅁㄴㄷ)=90°−55°=35°
(각 ㄹㄴㄷ)=180°−90°−65°=25°
(각 ㅁㄴㄹ)=(각 ㅁㄴㄷ)−(각 ㄹㄴㄷ)
=35°−25°=10°입니다.

**16**
2 cm
2 cm
(마름모의 네 변의 길이의 합)
=2×12=24(cm)

**17** 정삼각형은 세 변의 길이가 같고, 평행사변형은 마주 보는 두 변의 길이가 같으므로
(선분 ㄱㄷ)=(선분 ㅅㄹ)=9 cm입니다. 따라서 마 름모의 한 변의 길이는 9 cm가 되고, 도형 전체의 둘 레는 9+9+13+9+9+9+13=71(cm)입니다.

# 5. 꺾은선그래프

step **1** 개념 확인하기　120~121쪽

**1** (1) 꺾은선그래프
(2) 가로 눈금: 시각, 세로 눈금: 온도
(3) 더 내려갈 것으로 예상합니다.
**2** (1) 24℃　(2) 약 24℃　(3) 18℃
**3** (1) 2 kg, 0.2 kg　(2) (나) 그래프
**4** 꺾은선그래프

**2** (1) 세로 눈금 한 칸의 크기는 2℃이므로 6월 1일의 기온은 24℃입니다.
(2) 8월 1일은 26℃이고 9월 1일은 22℃이므로 8월 16일은 그 중간값인 약 24℃입니다.
(3) 기온이 가장 높은 달은 7월로 28℃이고, 가장 낮 은 달은 3월로 10℃입니다. 따라서 기온의 차는 28−10=18(℃)입니다.

**3** (2) 필요 없는 부분을 ≈(물결선)으로 줄이고, 세로 눈 금 한 칸의 크기를 작게 잡아서 나타낸 (나) 그래 프가 더 뚜렷합니다.

step **2** 기본 유형 익히기　122~125쪽

유형**1** (1) 꺾은선그래프
(2) 가로: 월, 세로: 봉숭아의 키
(3) 2 cm　(4) 봉숭아의 키
**1-1** (1) 가로: 시각, 세로: 교실의 온도　(2) 1℃
**1-2** (1) 꺾은선그래프
(2) 예 같은 점: 가로는 월을, 세로는 기온을 나타 냅니다.
다른 점: 막대그래프는 막대로, 꺾은선그래 프는 선으로 나타냅니다.
유형**2** (1) 점점 커졌습니다.　(2) 7월
**2-1** (1) 예 점점 많아졌습니다　(2) 9000대
(3) 약 9000대
**2-2** (1) 9, 17, 12, 15, 4, 20　(2) 6학년　(3) 5권
(4) 77권
**2-3** (1) 예슬: 18 kg, 신영: 20 kg　(2) 8 kg
(3) 4 kg　(4) 5 kg

## 유형3

**어느 식물의 키**

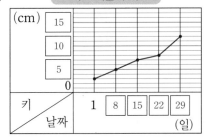

**3-1** (1) 오후 1시

(2)

**교실의 온도**

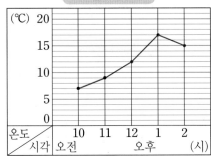

**3-2**

**강아지의 무게**

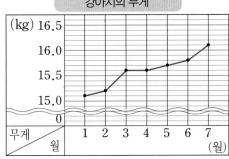

**3-3** (1) 1220만 원부터 1480만 원까지

(2) 가로 눈금: 월, 세로 눈금: 매출액

(3)

**매출액**

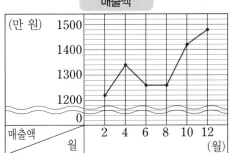

## 유형4 (1) ( ○ )   (2) ( △ )

**4-1** (1)

**50 m 달리기 기록**

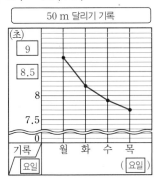

---

(2) 목요일   (3) 화요일

**유형2** (2) 꺾은선이 가장 많이 기울어진 때를 찾습니다.

**2-1** (2) 12월의 생산량: 14000대,

2월의 생산량: 5000대

⇨ 14000−5000=9000(대)

(3) 8월에는 8000대, 10월에는 10000대이므로
9월에는 그 중간값인 약 9000대입니다.

**2-2** (4) 9+17+12+15+4+20=77(권)

**2-3** (2) 7살 때: 16 kg, 10살 때: 24 kg

24−16=8(kg)

(3) 신영: 16 kg, 예슬: 12 kg

16−12=4(kg)

(4) 두 사람의 몸무게의 차가 가장 큰 때는 10살 때
입니다.

예슬: 29 kg, 신영: 24 kg

29−24=5(kg)

## step 3 기본유형 다지기   126~131쪽

**1** 7℃   **2** 약 11℃

**3** 오후 1시   **4** 14 kg

**5** 처음부터 2분 사이   **6** 약 15 L

**7** 60 L   **8** 0.1℃

**9** 오후 3시와 오후 4시 사이, 1.6℃

**10** 오후 7시와 오후 8시 사이, 0.6℃

**11** 1.7℃

**12** 11월, 2240 kg

**13** 10월   **14** 80 kg

**15** 96000원

**16**

**사탕 판매량**

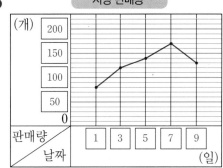

**17** (나) 그래프

**18** (1) 꺾은선그래프

(2)
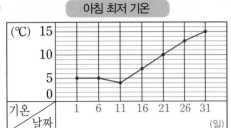

**19** ㉡

**20**
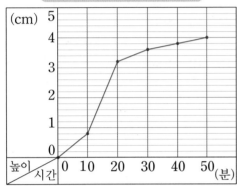

**21** 10분과 20분 사이, 2.4 cm

**22** 약 0.5 cm  **23** 82점부터 96점까지

**24**
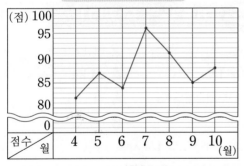

**25** 14점  **26** 4번

**27** ㉡, ㉢, ㉤  **28** 2017년, 1100개

**29** 예 인구 수는 2년마다 40명씩 줄어들었으므로 2017년 이후에도 인구 수가 지속적으로 줄어들 것으로 예상합니다.

**30**
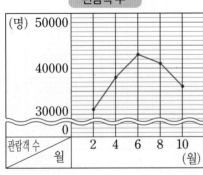

**31** 강아지  **32** 4월 15일쯤

**33** 11 cm  **34** 2학년 3월

**35** 지혜, 19 cm  **36** 144 cm

**37**
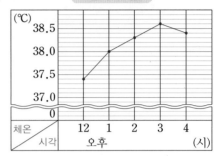

**38**
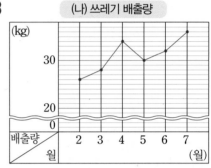

**1** 오전 9시에는 6 ℃, 오후 1시에는 13 ℃이므로 수온은 7 ℃ 올랐습니다.

**2** 오후 2시에는 12 ℃, 오후 3시에는 10 ℃이므로 오후 2시 30분에는 그 중간값으로 약 11 ℃입니다.

**3** 점과 점 사이를 이은 선분의 모양이 오른쪽 아래로 꺾이기 시작한 시각은 오후 1시입니다.

**4** 쓰레기 배출량이 가장 많을 때는 7일로 24 kg이고, 가장 적을 때는 3일로 10 kg입니다. 따라서 쓰레기 배출량의 차는 24−10=14(kg)입니다.

**6** 4분일 때 남은 양은 20 L이고 6분일 때 남은 양은 10 L이므로 5분일 때는 중간값인 약 15 L입니다.

**7** 물통에 처음 들어 있던 물의 양: 66 L
처음 8분 동안 흘러나가고 남은 물의 양: 6 L
66−6=60(L)

**8** 37 ℃부터 37.5 ℃까지 5칸으로 나누어져 있으므로 세로 눈금 한 칸은 0.1 ℃를 나타냅니다.

**9** 오후 3시: 37.5 ℃, 오후 4시: 39.1 ℃
39.1−37.5=1.6(℃)

**10** 오후 7시: 38 ℃, 오후 8시: 37.4 ℃
38−37.4=0.6(℃)

**11** 가장 높을 때: 39.1 ℃, 가장 낮을 때: 37.4 ℃

$39.1 - 37.4 = 1.7(℃)$

**12** 그래프에서 세로 눈금 한 칸의 크기는 20 kg입니다.

**13** 선분이 오른쪽 위쪽으로 올라가는 구간 중에 기울기가 클수록 많이 늘어난 것입니다.

**14** 11월: 2240 kg, 12월: 2160 kg
$2240 - 2160 = 80(kg)$

**15** 9월에 모은 폐휴지는 1920 kg입니다.
$1920 \times 50 = 96000(원)$

**16** 판매량은 80개부터 170개까지이므로 세로 눈금 한 칸의 크기를 10개로 나타내는 것이 적당합니다

**17** (가) 그래프는 물결선이 꺾은선을 잘랐고, (다) 그래프는 점들을 차례로 잇지 않았기 때문에 바르지 않습니다.

**18** (1) 시간에 따라 변화하는 모습을 알기 쉬운 꺾은선그래프로 나타내는 것이 좋습니다.

**21** 비가 가장 많이 내린 것은 10분과 20분 사이이고 비가 $3.2 - 0.8 = 2.4(cm)$만큼 내렸습니다.

**22** 45분 후에 컵에 담긴 빗물의 높이는 약 3.9 cm이고 25분 후에 컵에 담긴 빗물의 높이는 약 3.4 cm이므로 약 $3.9 - 3.4 = 0.5(cm)$ 높아진 것으로 예상할 수 있습니다.

**23** 가장 낮은 점수는 82점이고, 가장 높은 점수는 96점이므로 꼭 필요한 부분은 82점부터 96점까지입니다.

**25** 가장 높은 때: 7월, 96점
가장 낮은 때: 4월, 82점
$96 - 82 = 14(점)$

**26** 수학 성적이 85점보다 높은 때는 5월, 7월, 8월, 10월입니다.

**27** 꺾은선그래프는 시간에 따라 변화하는 모습을 나타낼 때 사용하면 좋습니다.

**28** 전년도에 비해 사과 수확량의 변화가 가장 큰 때는 2017년입니다. 2016년의 사과 수확량: 2200개, 2017년의 사과 수확량:
3300개 ⇨ $3300 - 2200 = 1100(개)$

**31** 가장 무거울 때의 무게와 가장 가벼울 때의 무게의 차가 더 큰 것을 찾으면 강아지입니다.

**32** 강아지의 무게를 나타내는 선분과 고양이의 무게를 나타내는 선분이 만나는 때에 무게가 같아집니다.

**33** 예슬이와 지혜의 키의 차가 가장 큰 때는 1학년입니다. $130 - 119 = 11(cm)$

**34** 세로 눈금 한 칸의 크기가 1 cm이므로 예슬이의 키를 나타내는 점이 지혜의 키를 나타내는 점보다 5칸 위에 있는 학년을 찾아봅니다.

**35** 예슬: $142 - 130 = 12(cm)$
지혜: $150 - 119 = 31(cm)$
지혜가 $31 - 12 = 19(cm)$ 더 많이 자랐습니다.

**36** 4학년 때의 키인 142 cm보다 2 cm가 더 큰 것입니다.

**37** 각각의 시각에 해당되는 체온에 점을 찍고, 그 점을 차례대로 선분으로 잇습니다.

**38**

| 월 | 2 | 3 | 4 | 5 | 6 | 7 |
|---|---|---|---|---|---|---|
| 배출량(kg) | 26 | 28 | 34 | 30 | 32 | 36 |

step **4** 응용실력기르기    132~135쪽

**1** 약 100000원

**2**

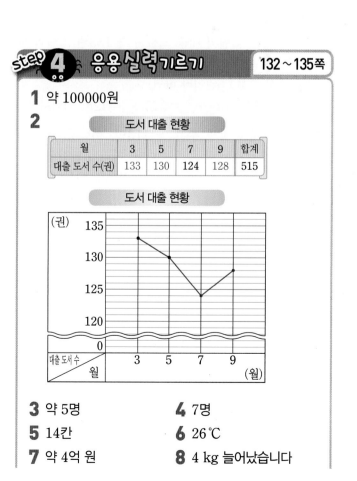

도서 대출 현황

| 월 | 3 | 5 | 7 | 9 | 합계 |
|---|---|---|---|---|---|
| 대출 도서 수(권) | 133 | 130 | 124 | 128 | 515 |

**3** 약 5명      **4** 7명
**5** 14칸      **6** 26 ℃
**7** 약 4억 원      **8** 4 kg 늘어났습니다

**9**

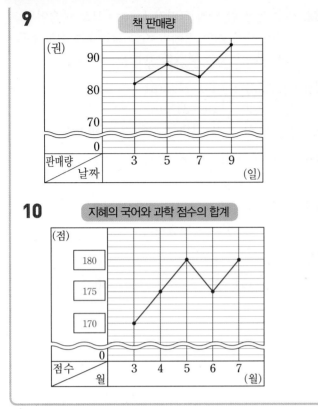

책 판매량

**10**

지혜의 국어와 과학 점수의 합계

**1** 1일에 판 붕어빵은 160개이고 3일에 판 붕어빵은 240개이므로 2일에 판 붕어빵은 약 200개로 예상할 수 있습니다. 따라서 2일에 판 붕어빵 전체의 가격은 약 $200 \times 500 = 100000$(원)쯤으로 예상할 수 있습니다.

**2** 그래프에서 3월의 대출 도서 수가 133권, 5월의 대출 도서 수가 130권임을 알 수 있습니다. 9월의 대출 도서 수를 ☐권이라 하면 $133 + 130 + 124 + ☐ = 515$, ☐$= 128$(권)입니다.

**3** 2022년에 남학생 수는 약 113명, 여학생 수는 약 108명으로 예상할 수 있습니다. 따라서 남학생 수는 여학생 수보다 약 5명 더 많을 것으로 예상할 수 있습니다.

**4** 두 꺾은선의 세로 눈금의 칸 수의 차이가 가장 많이 나는 해는 2021년입니다. 이때 남학생 수는 114명, 여학생 수는 107명이므로 차는 $114 - 107 = 7$(명)입니다.

**5** 강수량이 가장 많은 달은 4월(96 mm), 강수량이 가장 적은 달은 6월(54 mm)이므로 강수량의 차는 $96 - 54 = 42$(mm)입니다.
따라서 세로 눈금이 $42 \div 3 = 14$(칸) 차이가 납니다.

**6** 세로 눈금 한 칸의 크기는 1 ℃이므로 9시에서 10시까지는 기온이 $20 - 18 = 2$(℃) 올랐습니다.
기온이 일정하게 올라갔으므로 오후 1시의 기온은

$20 + 2 + 2 + 2 = 26$(℃)입니다

**7** 5월의 수출액은 4월의 수출액인 32억 원과 6월의 수출액인 48억 원의 중간값으로 약 $(32 + 48) \div 2 = 40$(억 원)으로 예상할 수 있습니다. 11월의 수출액은 10월의 수출액인 40억 원과 12월의 수출액인 48억 원의 중간값으로 약 $(40 + 48) \div 2 = 44$(억 원)으로 예상할 수 있습니다.
따라서 5월과 11월의 수출액의 차는 약 $44 - 40 = 4$(억 원)으로 예상할 수 있습니다.

**8** 가영이의 몸무게가 가장 많이 늘어난 학년은 5학년 때이고, 5학년 때의 웅이의 몸무게는 $46 - 42 = 4$(kg) 늘어났습니다.

**9** 7일의 판매량은 84권, 9일의 판매량은 94권이므로 3일과 5일의 판매량의 합은 $348 - 84 - 94 = 170$(권)입니다. 3일의 판매량을 ☐권이라 하면 ☐$+ ☐ + 6 = 170$, ☐$= 82$
따라서 3일의 판매량은 82권, 5일의 판매량은 88권입니다.

## step 5 응용실력 높이기 136~139쪽

**1** 건물 밖
**2** 건물 안: 약 27 ℃, 건물 밖: 약 28.5 ℃
**3** 낮 12시, 3 ℃      **4** 2번
**5** 2900대          **6** 1000대
**7** 13300대         **8** 1200대
**9** (1) 3번  (2) 약 70.2 kg   **10** 1건
**11** 18장          **12** 강릉

**2** 건물 안 – 8시: 26.5 ℃, 10시: 27.5 ℃
건물 밖 – 8시: 28 ℃, 10시: 29 ℃

**3** 낮 12시에 건물 안 : 28 ℃, 건물 밖 : 31 ℃
$31 - 28 = 3$(℃)

**5** 세로 눈금 5칸이 500대를 나타내므로 세로 눈금 한 칸의 크기는 $500 \div 5 = 100$(대)입니다.
따라서 2024년의 세로 눈금을 읽으면 2900대입니다.

**6** (2025년의 자전거 생산량) – (2021년의 자전거 생산량)
$= 3100 - 2100 = 1000$(대)

**7** $2100+2400+2800+2900+3100=13300$(대)

**8** 2022년도에는 1년 동안 2400대의 자전거를 생산했으므로 2022년 1월 1일부터 2022년 6월 30일까지 생산한 자전거는 2400대의 $\frac{1}{2}$만큼인 약 1200대로 예상할 수 있습니다.

**9** (1) 두 꺾은선이 만나는 때는 3번이므로 두 사람의 몸무게가 같았던 때는 모두 3번입니다.
　　(2) 11월에 가영이의 몸무게: 약 35.2 kg
　　　 11월에 지혜의 몸무게: 약 35 kg
　　　 따라서 11월에 두 사람의 몸무게의 합은
　　　 약 $35.2+35=70.2$(kg)입니다.

**10** 그래프의 세로 눈금 한 칸의 크기는 2건이므로 7월과 9월의 사고 수는 $42-28=14$(건) 차이가 납니다. 다시 그린 그래프에서 14칸 차이가 났으므로 다시 그린 그래프는 세로 눈금 한 칸의 크기를 $14÷14=1$(건)으로 한 것입니다.

**11** 선분이 아래로 내려간 달은 기록이 단축된 것입니다. 세로 눈금 2칸이 1초를 나타내므로 세로 눈금 한 칸의 크기는 0.5(초)입니다.
얻게 되는 붙임 딱지 수는 4월에 2장, 5월에 4장, 7월에 4장, 8월에 4장이고 잃게 되는 붙임 딱지 수는 6월에 1장입니다. 따라서 8월까지 모은 붙임 딱지는 $5+(2+4+4+4)-1=18$(장)입니다.

**12** 전체적으로 보았을 때 부산과 서울의 이산화탄소의 양은 점점 증가하고 있습니다.
하지만 강릉의 이산화탄소의 양은 처음에는 증가하다가 2017년 이후로는 점점 감소하고 있습니다.

**단원평가**  140~142쪽

**1** 100명　　　　**2** 900명
**3** 1200명　　　**4** 약 1400명
**5**

고양이의 무게

| 월 | 3 | 4 | 5 | 6 | 7 |
|---|---|---|---|---|---|
| 무게(kg) | 6.1 | 6.4 | 6.3 | 6.7 | 6.8 |

**6** 5월　　　　　**7** 0.5 kg
**8** 6월　　　　　**9** 날짜, 온도
**10** ②

**11**

방의 온도

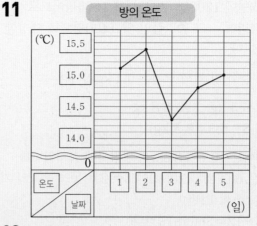

**12** 2025년

**13**

어느 마을의 인구 수

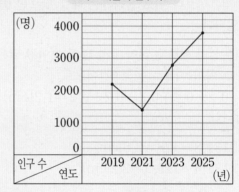

**14** 36 cm　　　　**15** 9월 15일쯤
**16** 4월, 1.2 cm　　**17** 영수
**18** 예 2월부터 강수량이 계속 올라가고 있으므로 6월에도 강수량이 올라갈 것이라고 예상할 수 있습니다.

**19** 그래프에서 세로 눈금 한 칸의 크기가 2 mm이므로 4월과 5월의 강수량은 8 mm 차이가 났습니다. 따라서 세로 눈금 한 칸의 크기를 1 mm로 하여 다시 그린다면 세로 눈금은 $8÷1=8$(칸) 차이가 납니다.

**20** 꺾은선그래프, 시간에 따라 변화하는 모습을 알아보는 것이므로 꺾은선그래프로 나타내는 것이 더 알맞습니다.

**1** 세로 눈금 5칸이 500명을 나타내므로 세로 눈금 한 칸의 크기는 $500÷5=100$(명)입니다.

**2** 2021년: 700명, 2019년: 1600명
따라서 $1600-700=900$(명) 줄었습니다.

**3** 가장 많은 때는 2017년 (1900명)이고,
가장 적은 때는 2021년 (700명)이므로
학생 수의 차는 $1900-700=1200$(명)입니다.

**4** 2023년에 1200명, 2025년에 1600명이므로 2024년에는 그 중간값인 약 1400명으로 예상할 수 있습니다.

**5** 세로 눈금 한 칸의 크기는 0.1 kg입니다.

**7** 5월: 6.3 kg, 7월: 6.8 kg
　⇨ 6.8−6.3=0.5(kg)

**14** 달팽이는 10초에 3 cm씩 일정하게 움직입니다.
2분은 60×2=120(초)이므로 2분 동안 움직인 거리는 3 cm씩 12번,
즉 3×12=36(cm)입니다.

**15** 영수의 키를 나타내는 꺾은선이 동민이의 키를 나타내는 꺾은선보다 위로 올라가는 때를 찾으면 9월 15일쯤입니다.

**16** 두 꺾은선의 세로 눈금이 가장 많이 벌어진 달은 4월이고 그 차이는 세로 눈금 6칸이므로
0.2+0.2+0.2+0.2+0.2+0.2=1.2(cm) 차이가 납니다.

**17** 영수: 131.8−128=3.8(cm)
동민: 131.4−129.2=2.2(cm)

# 6. 다각형

## step 1 개념 확인하기 　144～145쪽

**1** 다각형, 오각형, 구각형　**2** (1) 가, 다, 마, 바 (2) 바
**3** (1) 정다각형 (2) 정팔각형
**4** 선분 ㄱㄷ, 선분 ㄴㄹ　**5** (1) 가, 다 (2) 나, 라
**6** 예

## step 2 기본 유형 익히기 　146～149쪽

**유형1** 7, 8
**1-1** 가
**1-2** (1) 가, 라, 마, 사
　　(2) 라
　　(3) 마
**1-3** 찾은 도형 ③, ⑤
　　이유 예 다각형은 선분으로만 둘러싸인 도형인데 ③은 곡선으로만 둘러싸여 있고, ⑤는 곡선도 있기 때문에 다각형이 아닙니다.
**1-4** (1) 다, 라 / 가, 바 / 나, 마
　　(2) 칠각형
　　(3) 육각형
**유형2** (1) 정사각형 (2) 정팔각형
**2-1** 정구각형
**2-2** ③, ④
**2-3** 120, 9
**2-4** (1) 나, 라, 아
　　(2) 예 정다각형은 변의 길이가 모두 같고 각의 크기가 모두 같은 다각형인데 마 도형은 변의 길이가 모두 같지는 않기 때문에 정다각형이 아닙니다.
**2-5** ④

**유형3** ㉢

**3-1** (1) 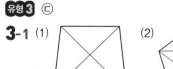 (2)

**3-2** 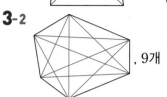 , 9개

**3-3** ①

**3-4** (1) 가, 다    (2) 가, 나, 다, 라

**3-5** ②, ④

**3-6** 정사각형

**3-7** 8 cm

**유형4** (예)

**4-1** (예)

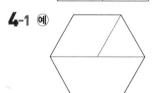

**4-2** (예)

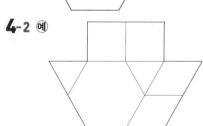

**4-3** (1) 정육각형, 정사각형, 정삼각형

(2)                (예)

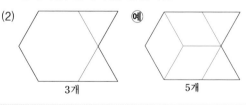

3개              5개

---

**1-2** (1) 나, 다, 바, 아는 선분으로만 둘러싸인 도형이
아닙니다

**2-1** 9개의 선분으로 둘러싸여 있으므로 구각형이고, 각
의 크기가 모두 같고 변의 길이가 모두 같으므로 정
구각형입니다.

**2-2** ③ 원은 선분으로 둘러싸여 있지 않으므로 다각형
이 아닙니다.
④ 변의 수에 따라 이름을 붙입니다.

**2-3** 정육각형은 여섯 변의 길이가 모두 같고, 여섯 각

---

의 크기가 모두 같습니다.

**2-5** 정삼각형을 이어 붙인 것이므로 정오각형 모양을
찾을 수 없습니다.

**유형3** ㉢ 한 꼭짓점에서 변에 그은 선분이므로 대각선이
아닙니다.

**3-1** 다각형에서 이웃하지 않은 두 꼭짓점을 이은 선분
을 대각선이라고 합니다.

**3-2** 대각선을 모두 그어 보면 9개입니다.

**3-3** 삼각형은 꼭짓점끼리 모두 이웃하므로 대각선을 그
을 수 없습니다.

**3-4** (1) 두 대각선이 서로 수직으로 만나는 사각형은
마름모, 정사각형이므로 가, 다입니다.
(2) 한 대각선이 다른 대각선을 반으로 나누는
사각형은 평행사변형, 마름모, 직사각형,
정사각형이므로 가, 나, 다, 라입니다.

**3-5** 두 대각선의 길이가 같은 사각형은 직사각형과 정
사각형입니다.

**3-6** 주어진 조건을 모두 만족하는 사각형은 정사각형입
니다.

**3-7** 직사각형은 두 대각선의 길이가 같고 한 대각선이
다른 대각선을 반으로 나눕니다.
(선분 ㄱㄷ)=4+4=8(cm)
⇨ (선분 ㄴㄹ)=(선분 ㄱㄷ)=8 cm

---

**step 3 기본 유형 다지기**    150~155쪽

**1** 7개

**2** (예) 나, 사 입니다.
다각형은 선분으로만 둘러싸인 도형인데
나와 사는 곡선도 있기 때문에
다각형이 아닙니다.

**3** 자                        **4** 칠각형

**5** 정다각형

**6** 가, 나, 다, 라, 바, 아, 자

**7** 가, 다, 바, 자          **8** 정육각형

**9** 14 cm                    **10** 720°

**11** 120°                    **12** 135°

6. 다각형 • 39

**13** 108, 4

**14** 정육각형

**15** 60°

**16** 132°

**17** 정오각형

**18** 가, 나, 다, 라

**19** 가, 다

**20** 가, 라

**21** ⑴ 0개 ⑵ 2개

**22** 9개

**23** 14개

**24** 20개

**25** 2개

**26** 정구각형

**27** ㄹ, ㄷ, ㄱ, ㄴ

**28** 직사각형, 정사각형

**29** 정사각형

**30** 14 cm

**31** 10 cm

**32** 18 cm

**33** ㄹ

**34** 예 다각형에서 이웃하지 않은 꼭짓점끼리 이은 선분이 대각선인데 삼각형은 꼭짓점끼리 모두 이웃해 있기 때문에 대각선을 그을 수 없습니다.

**35** 135°

**36** 2개

**37** 20 cm

**38** 17.1 cm

**39** 정십각형

**40** 72°

**41** 30°, 60°, 90°, 120°, 150°

**42** 2가지

**43** 방법1 예

방법2 예

**9** 정육각형의 변은 6개이고 변의 길이가 모두 같습니다. 따라서 모든 변의 길이의 합이 84 cm이므로 한 변의 길이는 84÷6=14(cm)입니다.

**10** 육각형은 4개의 삼각형으로 나눌 수 있으므로 180°×4=720°입니다.

**11** 180°×4÷6=120°

**12** 180°×6÷8=135°

**13** 정다각형은 변의 길이가 모두 같고 각의 크기가 모두 같습니다.

**14** 변의 길이가 모두 같으므로 변은 30÷5=6(개)입니다.

따라서 변이 6개인 정다각형이므로 정육각형입니다.

**15** 정육각형은 4개의 삼각형으로 나눌 수 있으므로 정육각형의 여섯 각의 크기의 합은 180°+180°+180°+180°=720°입니다. 정육각형은 여섯 각의 크기가 모두 같으므로 한 각의 크기는 720°÷6=120°입니다. 따라서 ㉠=180°-120°=60°입니다.

**16** (정오각형의 한 각의 크기)=(180°×3)÷5=108° (정육각형의 한 각의 크기)=(180°×4)÷6=120° 따라서 ㉠=360°-(120°+108°)=132°입니다.

**17**

**20** 정사각형과 직사각형은 각각 대각선의 길이가 같습니다.

**22** 정□각형이라고 하면 □(□-3)÷2=27에서 □(□-3)=54이므로 곱이 54이고 차이가 3인 두 수의 곱은 9×6입니다. ∴ □=9 따라서 이 다각형은 정구각형입니다.

**23** 7×(7-3)÷2=14(개)

**24** 정팔각형에서 꼭짓점 한 개에서 그을 수 있는 대각선은 8-3=5(개)입니다. 따라서 그을 수 있는 대각선은 모두 8×(8-3)÷2=20(개)입니다.

**25** 변의 개수는 40÷10=4(개)이므로 정사각형입니다. 따라서 대각선은 2개입니다.

**26** 변의 개수는 54÷6=9(개)이므로 정구각형입니다. 따라서 대각선의 개수는 9×6÷2=27(개)입니다.

**27** ㉠ 2개 ㉡ 0개 ㉢ 5개 ㉣ 9개

**29**

**30** 직사각형의 두 대각선은 길이가 같고, 한 대각선이 다른 대각선을 반으로 나눕니다. 따라서 (선분 ㄱㄷ)=(선분 ㄴㄹ)=7×2=14(cm)입니다.

**31** 5+5=10(cm)

**32** 9+9=18(cm)

**35** 정팔각형이므로 한 각의 크기는 180°×6÷8=135°입니다.

**36** 각의 합이 360°인 다각형은 사각형입니다. 따라서 대각선의 개수는 2개입니다.

**37** $5 \times 2 \times 2 = 20$(cm)

**38** $5 + 5 + 7.1 = 17.1$(cm)

**40** 정오각형의 한 각의 크기는 108°이고, 삼각형 ㄴㄷㄱ은 이등변삼각형이므로
각 ㄴㄱㄷ은 $(180° - 108°) \div 2 = 36°$입니다. 따라서 각 ㉠은 $108° - 36° = 72°$입니다.

**41** 찾을 수 있는 각은 마름모에서 30°, 150°, 정삼각형에서 60°, 정사각형에서 90°, 평행사변형, 사다리꼴, 정육각형에서 120°를 찾을 수 있습니다.

**42** 정삼각형 모양 조각 12개로, 또는 평행사변형 모양 조각 6개로 채울 수 있으므로 2가지입니다.

---

**step 4 응용실력기르기** 156~159쪽

| | |
|---|---|
| **1** 16개 | **2** 칠각형 |
| **3** 9개 | **4** 25° |
| **5** 108° | **6** 30° |
| **7** 36 cm | **8** 60° |
| **9** 12 cm | **10** 90개 |
| **11** 150° | **12** 20개 |

**13** 점 ㉮에서 점 ㉯까지 자른 후 펼친 도형: 마름모
점 ㉮에서 점 ㉰까지 자른 후 펼친 도형: 정사각형

**14** ㉠: 72°, ㉡: 45°, ㉢: 117°, ㉣: 126°

**15** 예

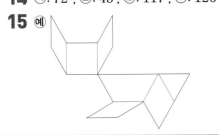

**1**

2개    5개    9개

⇒ $2 + 5 + 9 = 16$(개)

**2** 다각형에서 꼭짓점의 수는 한 꼭짓점에서 그을 수 있는 대각선의 수보다 3개 더 많으므로
$4 + 3 = 7$(각형)입니다.

---

**3** 정육각형이므로 대각선의 수는 $6 \times (6 - 3) \div 2 = 9$(개)입니다.

**4** (각 ㄴㅇㄷ)$= 180° - 50° = 130°$
직사각형은 두 대각선의 길이가 같고 한 대각선이 다른 대각선을 반으로 나누므로
삼각형 ㅇㄴㄷ은 이등변삼각형입니다.
따라서 (각 ㄴㄷㅇ)$= (180° - 130°) \div 2$
$= 50° \div 2 = 25°$

**5** $40 \div 8 = 5$에서 정오각형이므로 한 각의 크기는
$180° \times (5 - 2) \div 5 = 108°$입니다.

**6**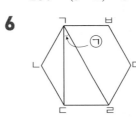
정육각형은 사각형 2개로 나누어지므로 모든 각의 크기의 합은 $360° + 360° = 720°$이고, 한 각의 크기는 $720° \div 6 = 120°$로 모두 같습니다.
삼각형 ㄱㄴㄷ은 두 변의 길이가 같은 이등변삼각형이므로 (각 ㄴㄱㄷ)$= (180° - 120°) \div 2 = 30°$입니다.
또 (각 ㄴㄱㄹ)$= 120° \div 2 = 60°$이므로
㉠$=$(각 ㄴㄱㄹ)$-$(각 ㄴㄱㄷ)$= 60° - 30° = 30°$입니다.

**7** (선분 ㄱㅁ)$= 20 \div 2 = 10$(cm),
(선분 ㄴㅁ)$=$(선분 ㄱㅁ)$= 10$ cm
(삼각형 ㄱㄴㅁ의 세 변의 길이의 합)
$= 16 + 10 + 10 = 36$(cm)

**8** (정육각형의 한 각의 크기)$= (180° \times 4) \div 6 = 120°$,
삼각형 ㄱㄷㄹ과 삼각형 ㄱㄴㄹ은 이등변삼각형이므로
(각 ㄱㄹㄷ)$=$(각 ㄹㄱㄴ)$= (180° - 120°) \div 2 = 30°$입니다.
따라서 각 ㄱㅁㄹ은 $180° - 30° - 30° = 120°$이므로
각 ㄹㅁㄴ은 $180° - 120° = 60°$입니다.

**9** 각 점을 연결하여 만든 도형은 직사각형이고, 직사각형의 한 대각선은 변 ㄱㄹ의 길이와 같고, 직사각형에 그은 두 대각선의 길이는 서로 같으므로
$6 + 6 = 12$(cm)입니다.

**10** 십오각형이므로 대각선은 $15 \times (15 - 3) \div 2 = 90$(개)입니다.

**11** 정십이각형이므로 한 각의 크기는
$180° \times (12 - 2) \div 12 = 150°$입니다.

**12** 다각형에서 꼭짓점의 수는 한 꼭짓점에서 그을 수 있는 대각선의 수보다 3개 더 많습니다.
따라서 한 꼭짓점에서 그을 수 있는 대각선의 수가 5개인 다각형은 팔각형이고, 대각선의 수는
$8 \times 5 \div 2 = 20$(개)입니다.

**13** 점 ㉮에서 점 ㉯까지 자른 후 펼친 도형 : 대각선이 수직으로 만나고, 대각선의 길이가 다른 사각형이 됩니다.

점 ㉮에서 점 ㉰까지 자른 후 펼친 도형 : 대각선이 수직으로 만나고, 대각선의 길이가 같은 사각형이 됩니다.

**14** (정오각형의 한 각의 크기)=$(180° \times 3) \div 5 = 108°$

(정팔각형의 한 각의 크기)=$(180° \times 6) \div 8 = 135°$

(㉠의 크기)=$180° - 108° = 72°$

(㉡의 크기)=$180° - 135° = 45°$

(㉢의 크기)=$360° - 135° - 108° = 117°$

(㉣의 크기)=$360° - (72° + 45° + 117°) = 126°$

## step 5 응용실력 높이기 160~163쪽

| | |
|---|---|
| **1** 60° | **2** 126 |
| **3** 22 cm | **4** 십이각형 |
| **5** 80 cm | **6** 135° |
| **7** 360° | **8** 정십이각형 |
| **9** 13개 | **10** 67.5° |
| **11** 144° | **12** 36° |
| **13** 300 cm | |

**14** ㈜

**1** (각 ㄷㄹㄴ)=(각 ㅁㄹㅂ)=$(180° - 120°) \div 2 = 30°$

⇨ ㉠=$120° - 30° - 30° = 60°$

**2** □=$180° - (27° + 27°) = 126°$

**3** 대각선의 길이는 선을 연장한 정삼각형의 한 변의 길이와 같음을 알 수 있습니다. 따라서 대각선의 길이는 $11 \times 2 = 22$(cm)입니다.

**4** 대각선이 54개인 다각형의 꼭짓점의 수를 □개라 하면 $□ \times (□-3) \div 2 = 54$, $□ \times (□-3) = 108$, 두 수의 차가 3이고, 두 수의 곱이 108인 수를 찾아봅니다. □가 12일 때 $12 \times (12-3) = 108$입니다. 따라서 꼭짓점이 12개인 도형이므로 십이각형입니다.

**5** 삼각형 ㄱㄹㄷ이 정삼각형이고, 전체 도형은 한 변의 길이가 20 cm인 마름모이므로 네 변의 길이의 합은 $20 \times 4 = 80$(cm)입니다.

**6** 꼭짓점의 수를 □개라고 하면 $□ \times (□-3) \div 2 = 20$, $□ \times (□-3) = 40$, □=8 따라서 꼭짓점이 8개인 정다각형은 정팔각형입니다. 정팔각형의 한 각의 크기는 $180° \times (8-2) \div 8 = 135°$입니다.

**7** ㉠, ㉡, ㉢, ㉣, ㉤의 크기는 모두 $180° - 108° = 72°$로 같습니다. 따라서 모두 더하면 $72° \times 5 = 360°$입니다.

**8** (정다각형의 한 각의 크기) =$180° - 30° = 150°$

왼쪽 그림과 같이 정다각형의 한 가운데 점을 ㅇ이라 하고 점 ㅇ에서 각 꼭짓점에 선분을 그으면 이등변삼각형이 됩니다. ㉠=㉡=$150° \div 2 = 75°$이므로 ㉢=$180° - 75° - 75° = 30°$입니다.

따라서 $360° \div 30° = 12$이므로 이 정다각형은 변이 12개인 정십이각형입니다.

**9** 삼각형 1개짜리 ⇨ 3개, 삼각형 2개 짜리 ⇨ 2개 삼각형 3개 짜리 ⇨ 1개, 사각형 1개 짜리 ⇨ 1개 (사각형+삼각형 1개) ⇨ 2개 (사각형+삼각형 2개) ⇨ 3개 (사각형+삼각형 3개) ⇨ 1개 따라서 모두 13개입니다.

**10** (각 ㅂㅅㅇ)=$(8-2) \times 180° \div 8 = 135°$

(각 ㅅㅂㅇ)=$(180 - 135) \div 2 = \dfrac{45}{2}$

$=22\dfrac{1}{2} = 22.5°$

(각 ㄷㅂㅅ)=$90°$

따라서 각 ㉠=$90° - 22.5° = 67.5°$

**11** 선분 ㄴㅁ을 그으면 사각형 ㄱㄴㅁㅂ에서

(각 ㄱㄴㄷ)=(각 ㄴㄷㄹ)=$90°$

(각 ㄹㄷㅁ)=(각 ㄷㅁㅂ)=$108°$

(각 ㄴㄷㅁ)=$360° - 90° - 108° = 162°$이므로

(각 ㄷㄴㅁ)+(각 ㄷㅁㄴ)=$180° - 162° = 18°$입니다.

따라서 (각 ㉠)+(각 ㉡)

=$360° - (90° + 108° + 18°) = 144°$입니다.

**12** 정오각형의 한 각의 크기는 $(5-2)\times180\div5=108°$
입니다.
삼각형 ㄴㄷㄹ은 이등변삼각형이므로
$(각 ㄷㄹㅂ)=(180°-108°)\div2=36°$
$(각 ㅁㄷㄹ)=(180°-108°)\div2=36°$이므로
$(각 ㉡)=180°-36°-36°=108°$
$(각 ㉠)=180°-108°=72°$입니다.
따라서 $(각 ㉡)-(각 ㉠)=108°-72°=36°$입니다.

**13** 점 ㄱ에서 그을 수 있는 대각선은 선분 ㄱㄷ, 선분 ㄱ
ㄹ, 선분 ㄱㅁ이고 선분 ㄱㄹ의 길이는 선분 ㄱㅂ의
길이의 2배입니다.
따라서 점 ㄱ에서 그을 수 있는 모든 대각선의 길이
의 합은 $50\times2=100$(cm)입니다.
그러므로 정육각형의 모든 대각선의 길이의 합은
$100\times6\div2=300$(cm)입니다.

---

### 단원평가  164~166쪽

**1** 7개

**2** 마, 바입니다.
다각형은 선분으로만 둘러싸인 도형인데 마는 둘러
싸인 도형이 아니고, 바는 곡선으로 둘러싸여 있기 때
문에 다각형이 아닙니다.

**3** 나, 자   **4** 팔각형

**5** 나, 라, 마, 바, 사   **6** 정팔각형

**7** 나   **8** 9개

**9** ③   **10** 16개

**11** 14개   **12** ③, ④

**13** 144°   **14** 3개

**15** 정사각형

**16** 예

**17** 예

**18** 예 정다각형이 아닙니다.
변의 길이는 모두 같지만 각의 크기가 모두 같지는
않기 때문에 정다각형이 아닙니다.

---

**19** 예 108°입니다.
정오각형은 3개의 삼각형으로 나눌 수 있으므로 정
오각형의 다섯 각의 크기의 합은
$180°\times3=540°$입니다. 따라서 정오각형의 한 각의
크기는 $540°\div5=108°$입니다.

**20** 예 대각선은 모두 27개입니다.
구각형의 한 꼭짓점에서 그을 수 있는 대각선은
$9-3=6$(개)이므로 대각선은 모두 $9\times6\div2=27$
(개)입니다.

**8** 한 꼭짓점에서 그을 수 있는 대각선의 수가
$6-3=3$(개)이므로 대각선은 모두 $6\times3\div2=9$(개)
그을 수 있습니다.

**10** ㉠ 5개 ㉡ 9개 ㉢ 2개
⇨ $5+9+2=16$(개)

**11**
 → 14개

별해 7각형이므로 $7\times(7-3)\div2=14$(개)를 그을
수 있습니다.

**12**

**13** 정십각형은 10개의 각의 크기가 모두 같으므로
(한 각의 크기)$=1440°\div10=144°$ 입니다.

**15** 두 대각선의 길이가 같은 사각형: 정사각형, 직사각형
네 변의 길이가 모두 같은 사각형: 마름모, 정사각형
따라서 두 조건을 동시에 만족하는 사각형은 정사각형
입니다.

Memo

정답과
풀이